社會新鮮人的

職 場 求 生 秘 笈

跟日商經理
學上班

時間管理顧問　　溝通顧問
石川和男 監修　**宮本友美子** 著

瑞昇文化

序言

我是石川和男。

我現在有五份工作。

我是建設公司的總務經理、大學教授、講座教授、顧問，同時也是稅務師。

我在建設公司裡是實務經理，在大學裡於比自己年輕的上司底下工作，稅務師業務方面與許多經營者一同工作、講座方面擔任的則是「時間管理」的講師。

在這期間我也曾有過就職、轉調、分發、離職、失業、打工、轉職、副業、獨立等等多種經驗。

這次收到「您目前是上班族，但共有五個工作，同時也曾經歷轉職、獨立等等，希望您能夠以擁有這些經驗的立場，來監修這本書」的委託，我便也就爽快答應了。

我出社會已經超過25年了，但卻不斷反覆體會成功與失敗。

以下這便是我的論點：

「成功雖然只有一種。但是失敗卻有『好的失敗』和『糟糕的失敗』。」

所謂好的失敗，就是失敗以後讓你能夠去挑戰新的事物、或者有新的企劃和提議等，這就是有好結果的失敗；這是種挑戰後的結果能帶來下次機運的失敗。想要成功，這類失敗是必要的。反覆發生這些失敗能夠使人成長，同時也會增加自己的成功體驗，也能夠對公司有所貢獻。同時也會產生成就感而覺得工作有意義。

另一方面，糟糕的失敗指的就是那些只要事先好好學習，就能夠避免的失敗。

舉例來說，交換名片、交通工具的座位、日文當中敬語的使用方式、打電話的方法、文件的寫法……等等，這些都有一定規則，只要明白規則，就可以避免失敗。這是很單純的「原本就知道、還是根本就不知道」的問題。我在20幾歲的時候，也曾因為邊走路邊向人打招呼問候、或者沒有用雙手接下名片而被斥責；或者聚餐聽到人家說「請隨意」，就真的放肆喧鬧而惹前輩生氣；還曾在賀年卡上寫了「賀正」 ※兩字寄給上司，結果被訂正錯誤。

這些失敗，全部都是只要事先知道，就能夠避免的。

也就是說，只要看過這本書，就能夠避免這類錯誤。

忽然需要接待客人、或者公司內部會議準備工作的時候，都可能有需要自我介紹的機會。如果遇到這類情況，只要翻閱這本書，一分鐘就能理解應該怎麼處理，也就能夠避免失敗。

另外，本書和市面上一些禮節書並不一樣，書中還同時提到了心理層面的事情，以及時間管理、高效率的工作方式等。對於社會人士來說，這一本書當中包含的不僅僅是禮節，同時還有社會人士用來因應工作方式改革的規則、以及工作方式等等。

本書的原稿完成以後我看了很多次，監察修改其內容。監修結束之後我能夠非常有自信地告訴大家，只要好好看過這本書並且加以實踐，就能夠確保自己具備社會人士應懂的規則。只要知道規則，就能夠臨機應變，也不會那麼不安。如果心中沒有不安，那麼就能夠產生自信。有自信的話自然就能夠展現工作成果。

由衷希望拿起本書閱讀的今天，能成為您之後的一個轉捩點。

※：恭賀新年之意，多用於上對下的場合

Index

序言 ⋯⋯ 002

社會人士應有的心態 ⋯⋯ 010

商業上需要禮節的理由 ⋯⋯ 012

「體貼」正是禮節的精髓 ⋯⋯ 014

組織中的工作方式 ⋯⋯ 016

所有員工都是公司對外的門面 ⋯⋯ 018

理解工作相關圖 ⋯⋯ 020

現實裡的工作狀況

活用喜歡的事情、擅長的事情
用做自己的方式來工作 ⋯⋯ 022

Chapter 1

儀容修養、寒暄問候、言行舉止

01 穿著打扮會決定第一印象 ⋯⋯ 024

02 男性的穿著打扮 ⋯⋯ 026

03 女性的穿著打扮 ⋯⋯ 028

04 配合不同職場的規範 ⋯⋯ 030

05 因應不同場合的問候與行禮 ⋯⋯ 032

06 能被認為是有能者的名片交換法 ⋯⋯ 034

07 拜訪時的心態準備 ⋯⋯ 036

08 會客室、會議室的座位席次 ⋯⋯ 038

09 伴手禮的遞交方式、收取方式 ⋯⋯ 040

10 飲料點心的上桌方式、接受方式 ⋯⋯ 042

11 電梯及走道上的禮節 ⋯⋯ 044

Chapter 2

遣詞用句、向人搭話

對方明明是很有地位的人……

現實裡的工作狀況
遞給對方的名片在眼前變得破破爛爛 ... 052

01 自我介紹的重點及訣竅 ... 054

02 介紹他人 ... 056

03 能被人信賴的聆聽方式 ... 058

04 能使人有好感的說話方式 ... 060

05 報告、聯絡、商量缺一不可 ... 062

12 交通工具也有座位席次之分 ... 046

13 進公司也必須遵守規定迅速抵達 ... 048

14 下班時的禮節 ... 050

06 方便（不方便）搭話的時機 ... 066

07 收到客訴時的應對方式 ... 068

08 謝罪的方法會改變關係性 ... 070

現實裡的工作狀況
客訴並不是要去「處理」
而是要「應對」 ... 072

Chapter 3 電話應對、繕寫文件、電子郵件

12 道歉函的書寫方式 …… 100
11 謝函的書寫方式 …… 098
10 日報、週報、月報 …… 096
09 明信片‧信封的繕寫方式 …… 094
08 能夠拓展業務的對外文件 …… 092
07 公司內部文件繕寫方式 …… 090
06 商業文件的規則 …… 088
05 個人使用社群軟體也要留心 …… 086
04 商務上的郵件處理方式 …… 082
03 一般手機‧智慧型手機 …… 080
02 如果電話打來人不在 …… 078
01 打電話與接電話的方法 …… 074

15 關於公司內部機密文件 …… 106
14 契約的基礎知識 …… 104
13 悔過書、事件說明報告的書寫方式 …… 102

現實裡的工作狀況
資訊涵養過低的上司 擴散假訊息造成小騷動 …… 108

Chapter 4 制度、手續

06 轉職、離職給人好印象非常重要 …… 120
05 交接前要先列好時程表 …… 118
04 關於照護‧療養的制度 …… 116
03 工作男女的生產、育兒 …… 114
02 請假方式 …… 112
01 有哪些務必要交付公司的文件 …… 110

Chapter 5

效率化、人際關係

01 提高工作效率 …… 126

02 辦公桌周圍的整理整頓 …… 128

03 電腦桌面的整理整頓 …… 130

04 資料夾整理、檔案名稱命名方式 …… 132

05 時間管理的意義 …… 134

06 時間表管理方式 …… 136

07 名片管理重點 …… 138

08 會議目的與事前準備 …… 140

09 會議室的打造方式 …… 142

10 會議順利進行 …… 144

11 會議紀錄整理方式 …… 146

12 個人資訊經手方式 …… 148

13 了解智慧財產權 …… 150

現實裡的工作狀況

轉職、離職時的聯絡與手續

07 如果是上班族，即使因為疾病或受傷而長期休假也會有補助 …… 122

07 …… 124

現實裡的工作狀況

把「在別人眼中也簡單明瞭」放在心上，工作就會有變化 …… 152

Chapter **7**

商務之心

03 增加工作以外的時間 174
02 考量「價值」 172
01 重新考量「生產力」 170

結婚請帖的回函卡上的「Address」欄居然填了電子信箱 168

現實裡的工作狀況

Chapter **6**

婚喪喜慶、與人往來

04 守靈、出殯的禮儀 164
03 其他喜事 162
02 結婚典禮、訂婚典禮的禮儀 158
01 公司內部活動（下班後的往來） 154

Chapter **8**

更好的關係

03 理解職位與階級 194
02 縮短團隊內的距離 192
01 共享目的 190

轉變為充滿活力的部門
有朝氣的問候、早會共享資訊 188

現實裡的工作狀況

09 整理會議 186
08 時間的營造方式 184
07 分解「困難」 182
06 1天的工作分配 180
05 排出優先順序 178
04 工作時間自己決定 176

04 明確提出指示與委託 …… 196

05 建議將流程手冊化 …… 198

06 此時不要倚賴郵件較好 …… 200

07 高明的責罵方式＆挨罵方式 …… 202

08 學習業界用語 …… 204

09 就是會發生的問題及處理方式 …… 206

10 面對怪獸顧客投訴的應對方式 …… 208

11 重視人脈 …… 210

12 互相認可工作方式及思考方式 …… 212

13 尋找新工作時應有的理解 …… 214

現實裡的工作狀況

如果能夠真誠工作

一定會有人認可你 …… 216

參考資料

日文中最好記在腦中的商業用語 …… 218

可影印使用！待辦清單及轉達筆記 …… 222

社會人士應有的心態

INPUT（輸入）

知識跟技術是日新月異的。為了要經常能夠獲得新知，社會人士更應該要將學習一事放在心上。

嚴守時間

如同俗語說的「時間就是金錢」，時間是一種一旦失去就無法再回頭的貴重資源。不光是不能浪費自己的時間，同時也是為了不奪走他人的時間，還請務必守時。

身體管理

若是身體不適，那麼工作就不能依照計畫進行。請好好管理自己的身體狀況，盡到一個專業人士的責任。若是排班制會更容易給同事添麻煩。

考量效率

以高效率來做事能夠提高生產力，也能讓工作與私人生活兩方面都非常充實。

成了「社會人士」以後，應該要以何種心態來面對呢？就讓我們來確認一下這些基本中的基本事項吧。

希望你成為社會人士之後能先理解到的事情

成為社會人士之後，有許多必須要切身明白且實行的事情。除了業務上必須具備的專業知識與技能以外，每個公司或業界都有各自的規則，因此也應該要習慣這些事情。

除了專業知識以外，有時候語言能力和電腦操作等能力也都會是必要事項。

在實際工作場合應該會遇到各式各樣的案例，只要事先知道最基本的「社會人士心態準備」，就能以此作為身陷個別棘手狀況時的行為準則。在此為您列出數項對社會人士來說最是基本的心態守則。

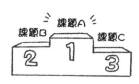

說、聽、共享

不管是在哪種工作體系當中，工作都沒辦法獨自完成。為了取得更好的合作關係，必須積極地與周遭溝通、共享資訊。

挑戰

一味「維持現狀」是無法有所發展的。請經常保有前進目標並持續挑戰吧。面臨困難的時候，也必須想辦法去挑戰並克服它。

考量優先順序

為了要提高效率，看清楚應該先處理哪件事情的優先順序是非常重要的。

遵守法律

除了個人必須奉公守法以外，也應該遵守社會人士身分會觸及的法律及社會規範。

區分公私

徹底區分工作與隱私，上班時間請專心於工作上。嚴格禁止把公司的物品拿來作為私物使用。

穿著打扮與印象

打理好自己的穿著打扮，是體貼對方的第一步。第一印象會決定他人對當事者是否產生好感。

對自己的行動及態度負責 經常將他人的期望放在心上

「學生」與「社會人士」的差異在於：

① 學生的本分是念書；社會人士的本分是工作以獲得金錢。

② 學生的人際關係有範圍限制；社會人士的人際關係網範圍則擴大，同時責任也會更重大。

大致上是以上這兩方面。

另外還會出現「上司」和「客戶」這類先前完全沒有遇過的人際關係，因此會需要適當的溝通。最重要的就是經常保持謙虛的態度，採取行動時要先考量對方的期望。如此一來就能體會到，獲得的成果是只有你一人時無法得到的龐大果實。

雖然看似不容易，但這可謂是社會生活的總體狀況。

禮節是在各式各樣
工作方式中溝通的基礎

在工作方式如此多樣化的現代社會
當中，由於業界、職場及雇用型態
的不同，很可能完全無法想像彼此
的工作環境。在相異甚大的環境當
中，與交易對象或者合作對象等有
工作上的往來時，能夠協助雙方互
相了解的，便是商務禮節。

為何需要商務禮節？

即使在價值觀上有所不同，只要能夠理解一些既定的規則，那麼就能在雙方心情愉快
的情況下推動工作。為此，禮節是絕對不可或缺的。

體貼對方

商務禮節是促使不同價值觀的人們
彼此相互尊重進而和平共存的必要
準則。請在禮節上展現對對方的體
貼之心吧。

提升效率

如果無法好好表達自己的意思，就很
有可能因為「我以為」或者確認不足
而產生誤差。如果發生失誤，那麼工
作效率也會降低。為了避免這種情況
便必須要有商業禮節。

安全執行業務

整理整頓工作環境也是非常重要的
商務禮節。這並不單純使外觀看起
來美麗，同時也能減少工作錯誤、
防止職場內的受傷或者意外等等。

心情愉快工作

良好的禮節能在對方心中留下好印
象，為自己博得作為社會人士的高度
評價。這樣一來也比較容易獲得對方
的幫助，雙方都能在心情愉悅的情況
下工作。

為了互相尊重以達到更佳的溝通結果，
商業禮節是不可或缺的。

企業最需要的能力

根據日本經濟團體聯合會每年發表的「錄用應屆畢業學生相關問卷調查」，在選擇人員時特別重視的要點，最多者為「溝通能力」，和第二名以後的「主體性」、「挑戰精神」等項目有非常大的差距，已連續16年獨佔鰲頭。

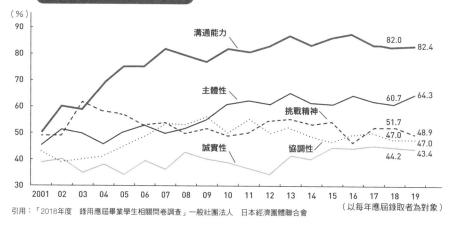

希望學生能具備的資質與能力

（%）

- 溝通能力　82.0　82.4
- 主體性　60.7　64.3
- 挑戰精神　51.7
- 誠實性　47.0　48.9
- 協調性　47.0
- 44.2　43.4

2001　02　03　04　05　06　07　08　09　10　11　12　13　14　15　16　17　18　19

（以每年應屆錄取者為對象）

引用：「2018年度　錄用應屆畢業學生相關問卷調查」一般社團法人　日本經濟團體聯合會

學生的溝通模式

重視和朋友之間、夥伴等等的橫向連結。對於合不來的對象甚至可能直接拉開距離。

社會人士的溝通模式

經常必須將上下關係列入考量。重要的是在互相尊重的條件下，以冷靜而不流於情緒的方式與他人往來。

「溝通障礙者」只要了解禮儀也能夠順利執行業務

商業禮節對於那些總自認為「我不太會說話……」、「我很容易緊張……」的人是更加有所幫助的。由於這原本就是「尊重對方並且讓雙方都能在心情愉悅情況下，有效率的推動工作」的規範，因此只要依循這個準則來行動，那麼基本上是不會和他人發生摩擦的。舉例來說，這就像是一個不會運動的人，只要學會了怎麼開車，那麼他也能夠輕鬆去到遠方。就算非常不擅長與人溝通，只要記得禮節上該怎麼做，那麼就能夠好好應對。

「體貼」正是禮節的精髓

計程車後排座位的上座原本應該是在司機後方（詳見46頁）。但如果對方腳不方便的話，與其請對方往裡面坐，還不如讓對方坐在距離較近處。

原則上必須細心接待客人。但是，在車站月台上的小賣部需要的不是細心，而是快速。

確認事情的時候要跟著對方複誦一次是基本準則，但也有些時候是對方不想被其他人聽見的事情……。

與人錯身而過的時候，側身讓路是一般禮節。但如果對方已經讓開了，那麼就請道謝後快速移動。

只有形式上的禮儀是ＮＧ的。要一邊思考對方會怎麼想，再加以臨機應變。

相對於形式及常識，更重要的是眼前的人有何感受

為了能夠和他人溝通順暢而開始關注禮節的人增加了以後，應該就比較容易看到會令人覺得「這樣做有意義嗎？」的一些「禮節」。禮節的根本基礎是「體貼」。如果沒有合理表現出對於對方的敬意，那麼就沒有意義了。

以上述四個例子來說，都是依照原有禮儀規範而造成失敗的案例。

請腳不方便的人硬是移動到比較裡面的座位，這樣不是非常辛苦嗎？

如果對方很趕時間，你卻仔細緩慢地回應他，人家不是很心急嗎？沒有自己思考過的禮節是不具任何意義的。要經常考量到眼前這個人是怎麼想的，然後再去行動。

缺乏體貼之心 招致騷擾行為

職權騷擾／反向職權騷擾

上司對於部下濫用自己較高的職權，使其精神或身體上感到痛苦。如果是相反的情況，由部下騷擾上司則為反向職權騷擾。

性別騷擾

以對方是男性、或者對方是女性為理由來評估或者決定對方的能力。

性騷擾

以性方面的發言或行為，導致被迫接收這些事情的對象感到不適、認為自己的尊嚴遭受損害，因而對發言（行為）者心生厭惡。

酒精騷擾

強迫他人一口喝乾杯中的酒精飲料、或者強迫對方喝酒等，有意地灌醉他人、又或者是喝醉後做出困擾他人的言行舉止。

道德騷擾

以言語或態度等傷害他人人格或尊嚴，導致對方內心嚴重受傷、甚至被逼到必須離職。

年齡騷擾

對於中高年的員工或者較年輕的員工，以年齡為理由而歧視、或者做出惹人非議的行為。

還有很多！ 希望大家多多留心騷擾行為

所謂「騷擾」是指讓對方感到不愉快、又或者損及對方尊嚴、帶來負面影響甚至是威脅等。這與進行該行為的當事人是否有此意圖完全沒有關係，其重點在於接受這個行為的人如何感受。這幾年來已經有許多人點出一些長久以來的騷擾情況，如「懷孕騷擾（針對懷孕女性的歧視或打擾對方的行為）」、「氣味騷擾（由於體臭或者噴灑太多香水，氣味使周遭的人不愉快）」、「煙類騷擾（吸菸者使周遭人受二手菸之害）」、「技術騷擾（歧視不善操作IT機器或者電腦的人、甚至找他們麻煩）」等等，在許多不同情況下都會有騷擾行為。

組織中的工作方式

工作的環境會隨著時代一起變遷。請大家先明白世代之間的差距。

一般來說假日為星期天及國定假日、中元節及新年，星期六則是半天班。
另外區分為執行一般事務工作的白領人員，以及在工廠等現場工作的藍領人員，
以分工制度進行工作。

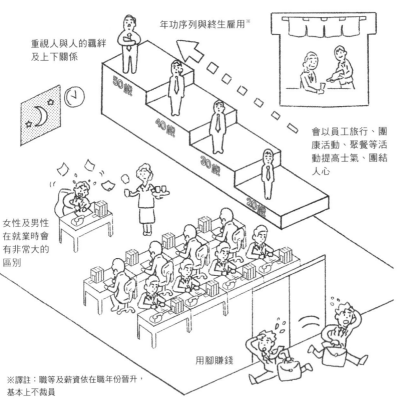

年功序列與終生雇用※

重視人與人的羈絆及上下關係

50歲
40歲
30歲
20歲

女性及男性在就業時會有非常大的區別

會以員工旅行、團康活動、聚餐等活動提高士氣、團結人心

用腳賺錢

※譯註：職等及薪資依在職年份晉升，基本上不裁員

隨著產業結構的變化，工作方式也變得多樣化

過往是以農林畜牧水產為中心的時代，後來逐漸轉變為以製造業為主的時代，之後又轉移到服務業等，遂而進入到以製造物品以外的產業為主的時代。一旦中心產業發生變化，人們的工作型態也會隨之發生改變。

以往通常是終身雇用制而並不輕易會裁員，也比現在還要重視現場的團隊合作。但是到了現代，轉職並不是什麼稀奇的事情，大家也比較傾向選擇能夠配合自己價值觀與生活型態的工作方式。但是，即使工作方式隨著時代有所改變，工作的本質依舊是對於自己的角色及立場抱持自覺且對自己的工作負起責任。

日本自從1992年將完全週休二日制度導入國家公務員的法規以後，隨之採用週休二日制的企業也越來越普遍。由於在現場的體力勞動減少，因此變得更加需要會管理工作的人才。

工作方式因人而異

好！

思考模式是希望大家在工作和私人生活兩方面都充實

由於通訊設施的發達，即使不到公司也能夠執行工作

等等！

更加重視道德

工作方式改革的背景在於少子高齡化下的勞動力不足

日本有很長一段時間，都是採用一天八小時全勤工作到退休為止的工作形式。但是，由於15歲到65歲之間的生產年齡人口自1995年一路下滑，如今若繼續採取這種工作形式，那麼工作的人口只會越來越少。

因此才出現了「工作方式改革」，目的在於配合生活型態推動多樣化的工作方式、挖掘出潛在的勞動力。像是已經超過退休年紀的高齡者、成為家庭主婦的女性等等，尊重每個人各自的專業背景，擴大裁量勞動制的認可方式（譯註：日本法規中以定時計算薪資給付的方法）、縮短加班時間、推動在宅工作、認可一定條件下之休假等，提供能夠配合個人生活方式的職場，藉此增加勞動人口。但是育兒及照護的支援環境不佳、正職與兼差的薪資及勞動條件差異等，這類需要處理的課題仍堆積如山。

所有員工都是公司對外的門面

正因為只使用聲音來交談，因此必須要明確傳達自己的「態度」。請想像對方就在自己面前，然後對著對方說話。

就算是短短幾秒鐘的敬禮，也能夠表現出對於對方的敬意及感謝。

禮節的基本是「小小的貼心、體貼之意」。在日常生活中就要多加留心。

對於造訪你公司的人來說，你接待他的態度＝公司的態度。

不要給別人添麻煩，對於獨立自主的社會人是來說也是非常重要的。在通勤的時候也請保持自覺心。

正因為要直接與公司同事以外的人接洽，才更應該要發揮商業禮節。

周遭的人會透過你來看公司。和公司同事以外的人接觸的時候，必須要意識到自己就代表著公司。

必須要有自己就是公司活招牌的自覺

社會是由人與人之間互相聯繫所構成的。踏出身為社會人士的第一步以後，從那一瞬間起就必須要對自己的行動付起責任。一個社會人士必須謹慎使自己的行為不給別人添麻煩、遵守社會規範、徹底區分清楚常識與禮節。

尤其是就職以後，隸屬於公司等組織時，就算是新來的員工，也會被視作該公司的成員。除了要經常對自己在公司內的角色及立場有所認知以外，也必須要有一個自覺，就是對於公司同事以外的人來說，你就是公司的活招牌，在做出任何行動的時候，都必須無損於社會上對你的信賴，並且負起責任。

對於顧客存在有所認知

正因為有人會接受工作中產生的產品或服務等，企業才會有所獲利。
即便並非直接接待顧客的場合，採取的各種行動也都必須顧慮到「顧客的存在」。

消費者

企業

對等價值

產品或服務

一般員工

經營者

薪水　報告

管理　管理

報告

管理階層

薪水

你的薪水，究竟是從哪裡來的？

即使曾經有過打工的經驗，在身為學生的時候，可能還是會對「獲得收入所需要承擔的責任」這件事情沒有深刻感受。但是，一旦進入社會、成為社會的一份子，又或者是就職而隸屬於公司等組織之後，就請認清自己必須承擔同等的責任。

企業是一個以營利為目的而進行活動的社會組織。為了要能夠提高社會上對公司的信賴藉此獲得利益，當中每一個成員的心態都非常重要。每個人都要對自己的工作負起責任、相互維持聯繫使業務順利進行，如此一來才能將產品或者服務交付給最尾端的消費者，使他們能夠支付給對等的代價，藉此產生利益。

必須要留心在各式各樣相關人員的另一端，有顧客的存在，然後和所有人建立良好的關係。

理解工作相關圖

従業員工　　自由業

勞動力　對等價值　工作內容　對等價值

對等價值　　　　　對等價值

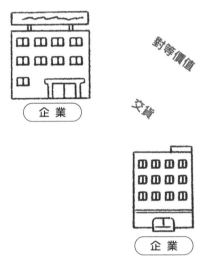

交貨　　　　　　　交貨

企業

消費者　　　　　　　企業

工作是無法一個人獨自完成的。會與各式各樣的人互相產生關聯，然後才能成立一件工作。

自己的工作上游，是聯繫著什麼呢？

一個人進入社會成為企業或組織的一員，並不是就會自動拿到薪水或報酬的。必須要提供對方需要的商品或服務，在標準的作業時間內執行必須的工作之後，才會收到相應的薪水或報酬。

所謂的社會是在工作者及組織負起各自立場所需承擔的責任下架構而成的。你的工作上游還連繫著些什麼，而你應該要用什麼樣的形式來對社會有所貢獻呢？除了周遭的人際關係及眼前的工作以外，必須經常對自己的工作上游有所認知，誠實地執行你的工作。

不同交易型態的特徵

交易有各式各樣不同的型態。根據站在何種立場與對方進行交易，經手商品及行銷手法都會產生差異，因此分類為以下幾種。

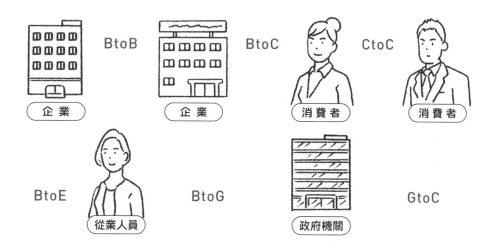

BtoB
企業之間的交易。
特徵：由於交易對象是企業，因此交易的價格會非常高，且決定購買者大多會是複數人員，因此要完成購買行為可能需要耗費一些時間。

BtoC
企業與消費者之間的交易。於實體店面或者在網路上透過網購平台進行販賣，對於消費者來說是非常貼近生活的交易行為。
特徵：交易對象是所謂的「消費者」。為了要能夠刺激不特定個人的購買意願，因此使用廣告來執行觀感戰略非常重要。

BtoE
企業與從業人員的交易。如員工餐廳或員工價商品等。
特徵：比較接近是員工福利意義的交易。除了自己公司的產品或服務以外，也可能會與其他企業簽約來取得購物折扣等。

BtoG
企業與政府機關的交易。針對公家機關提供商品或服務。
特徵：契約步驟有法規制定規範。除了一般競爭投標、指名競爭投標以外，也有「任意契約」的存在，但這種方式很難讓新的公司加入。

CtoC
消費者之間的交易。市集活動、市集APP、或者網路拍賣等都算是這一類交易模式。
特徵：交易不含消費稅（譯註：台灣為營業稅）。但由於經常會發生「送來的東西狀態與商品說明不符」等問題，因此前提就是雙方都需自行負責。

GtoC
政府機關與消費者的交易。如取得護照或者住民票（譯註：相當於台灣的戶籍謄本）屬於此類交易。
特徵：這是日本還有待發展的領域。在海外已經有許多由政府機關主導的各類企劃。

活用喜歡的事情、擅長的事情
用做自己的方式來工作

川崎千春小姐(假名)　26歲　女性

　　川崎小姐的工作是一位電腦技術指導者。她原先是在大型企業擔任行政事務方面的工作。轉機的出現是在她短期大學畢業、進入公司以後的第三年春天。她的部門時隔兩年終於有新的員工進來，因此她要負責指導晚輩電腦方面的技能。

　　「原本覺得我其實只是職位最低的人，要我指導別人的話，好像我很了不起似的。明明有許多比我還要熟悉電腦的人可以教新進員工啊。」

　　但是，正好她那時候去參加了商業講座，講師提到「汽車駕訓班的指導教官也不是 F1 賽車手；高爾夫球的課程教練也並非常拿獎杯的人。由『稍長的前輩』來指導新進員工，不管是教導方式或者內容，都會比較符合需求，所以由已經進公司兩到三年的前輩來做這個工作，是再好不過了。」因此她才覺得，那麼也許我去教新進員工也不錯吧，所以重新考量過後接下了指導晚輩的工作。沒想到指導他人比想像中的還要愉快，晚輩也表示非常容易理解、對她的評價很高。因為想要學習更加正統的指導方式，因此她考到了技術指導者的證照。之後她就換了工作，正式把指導電腦作為正職。不過目前似乎還沒有打算獨立起家、成為自由業。

　　「用做自己的方式來工作＝獨立，這種說法我覺得還是跟我的想法不太一樣。畢竟我還是喜歡以上班族身分來工作。」

儀容修養、寒暄問候、
言行舉止

希望大家身為社會人士都能做到的儀容修養與寒暄問候。
光是能做好這些事情，就可以讓人對你印象良好。

穿著打扮會決定第一印象

第一印象是好是壞
會左右之後的業務往來

據說第一印象，是在相遇之後7秒之內就會確定的。以往在學生時代，能夠花時間好好認識對方；但是在商業上的場合當中，一旦有了固定印象就很難改變。給初次見面的對象一個好的第一印象，是在建立日後關係上不可或缺的。

因此，將自己的衣著打扮都打理好，是非常重要的。重點就在於「清潔感」與「機能性」。另外也請留心必須與周遭有所協調才行。在商務場面當中，比起個性化的穿著，儀容上更應該優先著重配合個人立場、角色以及出席場合，給予對方足夠的信賴感與安心感。

你喜歡哪一種？

以下分別是穿著白袍的店員以及寬鬆T恤的店員。如果你因為急需藥物而衝進藥房，你覺得哪個人來接待你，會讓你比較安心？

我們可以從日常生活中得知藥妝店裡面有些店員持有藥劑師執照，但也有些店員並沒有執照。但若因為緊急的疾病需求而衝進藥房裡的時候，當然還是想和對藥品有一定知識的藥劑師商量。應該大部分的人都會以外表來判斷一個人，認為穿著白袍的店員就是藥劑師吧。

 希望大家
能明白

因職種不同而有不
同需求

能否和周遭環境協調、給予交易對象或客戶安心感，都是思考穿著打扮時非常重要的先決條件。如果是廣告或者設計公司，那麼與其穿著平凡無奇的中庸服裝，還不如做一些能夠表現出個人感性及風格的打扮。若是服裝零售商，那麼就必要要把自家品牌的衣服穿在身上。重點在於應該對自身立場與角色有所認知後，再來思考在穿著上應著重哪一方面。

請帶著適合商務的小東西

穿著打扮必須連細節都非常注意。因此這方面也請不要依照個人喜好,而是應該選擇適合在商務上使用的小東西。

公事包

至少也要是厚度適當能夠輕鬆放入A4尺寸的大小,最好選擇放在身旁能夠自己站好不會倒下的款式。

名片夾

最好是黑色或者深棕色等比較沉穩的顏色,沒有裝飾的簡單皮製品較佳。如果公司有配給的話,那麼就依照公司習慣。

手錶

不要用智慧型手機代替,請配戴一個文字盤面清楚、容易觀看的簡單手錶。一般來說有指針的盤面會比數位錶好。

筆記用品

注意不能發生沒墨水、沒筆芯的狀況。除了可擦拭筆以外,也要有普通的原子筆或鋼筆。也一定要有筆記本。

智慧型手機

為了避免突然沒有電,一定要準備行動電源。智慧型手機的手機殼很容易顯露個性,因此請盡量不用使用太過誇張的樣式。

錢包

和名片夾類似,請選擇色調沉穩的錢包。為了避免收據或者集點卡等多到隨時會掉出來,平常一定要悉心整理。

■ 其它最好也帶著的小東西

小鏡子、梳子

絕對不可以用窗戶玻璃來檢查自身的儀容。

手帕、面紙

考量衛生問題也是禮節之一。手帕請每天更換。

還有這類東西

指甲剪、摺疊傘、便條紙本都準備起來的話也會很方便。

如果想要放在公司

為了避免襯衫弄髒或脫線,男性可以準備替換用的襯衫;女性的話要準備替換用的絲襪。另外,為了避免臨時要參加弔祭活動,如果能準備一套喪服放著會比較安心。

一定要有清潔感

會左右男性是否給人好感的，最重要的就是「清潔感」。除了襯衫上的髒汙、皺摺等等，也必須要多注意有沒有頭髮髒汙、臉部周圍雜毛、以及體臭等問題。

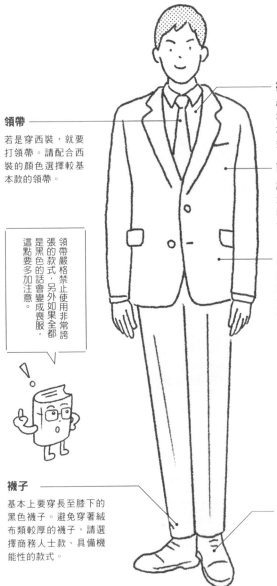

領帶

若是穿西裝，就要打領帶。請配合西裝的顏色選擇較基本款的領帶。

領帶嚴格禁止使用非常誇張的款式，另外如果全都是黑色的話會變成喪服，這點要多加注意。

襯衫

樣式最好是白色沒有花紋。請避免穿有花紋或者有顏色的款式。

西裝

請選擇黑色或灰色等沉穩顏色、設計簡單的款式。也要確認尺寸是否合身。

皮帶

選擇黑色或棕色的皮製品。布製品會有休閒的感覺，請儘量避免。

襪子

基本上要穿長至膝下的黑色襪子。避免穿著絨布類較厚的襪子，請選擇商務人士款、具備機能性的款式。

皮鞋

其實鞋子意外地容易受到關注。可以選擇黑色、棕色等深色系有鞋帶的，又或者套進去的簡單款式。也要注意有沒有髒汙。

臉部周遭

臉部周遭是其他人最容易集中視線觀看的部位。只要重視清潔感，也能讓表情比較生動。

檢查重點

- [ ] 這是適合辦公的髮型嗎？
- [ ] 頭髮顏色自然嗎？
- [ ] 瀏海有沒有蓋過眼睛？
- [ ] 有沒有壓翹的頭髮或者頭皮屑？
- [ ] 鬍子剃乾淨了嗎？
- [ ] 指甲有沒有太長？
- [ ] 身上的味道會不會不好聞？
- [ ] 西裝、領帶、白襯衫有沒有皺褶或者綻開的地方？
- [ ] 白襯衫的衣襬及袖口有沒有髒汙？
- [ ] 西裝口袋的口袋蓋狀態是否左右相同？
- [ ] 襯衫有沒有從褲頭跑出來？
- [ ] 領帶有沒有歪？
- [ ] 鞋子有沒有髒汙？

髮型

瀏海的長度不可以蓋過眼睛。兩邊的長度最好露出耳朵，這樣可以給人清潔感。也要注意有沒有頭皮屑或髮尾亂翹的狀況。

鬍子

如果是新進員工，那麼最好還是不要留鬍子。絕對不能讓自己看起來非常邋遢或沒有精神。

眉毛

如果修得太過火反而會給人自我意識非常強烈的感覺，反而扣分。請維持自然整潔就好。如果不太會自己整理的話，也可以拜託理髮店幫忙。

鼻毛

鼻毛是自己可能不太在意，但在其他人眼中會非常在意的東西。為了不損及清潔感，在外出之前請務必檢查一下。

肌膚

由於映入眼簾的面積會非常大，且會忠實呈現健康狀態，因此是其他人會注意的重點部位之一。請對餐飲多加留心，平常就要注意保養。

耳朵

就算穿著打扮看起來都沒有問題，一旦被發現有耳垢那可就馬上出局了。要是太常去碰也很可能會受傷，請定期清潔。

指甲

太長或者太短都不行。如果是有咬指甲習慣的人，請利用從學校畢業這件事情當成契機戒掉吧。

有時候自己來評判可能有些困難，因此不要太客氣，就請家人、朋友甚至是上司或前輩幫忙檢查一下，接受他們的建議吧。

套裝與辦公室休閒服裝

就算是穿制服，不同職場可能還是要留心抵達公司時所穿著的服裝。

首飾

如果要戴耳環、項鍊、戒指等，可擇一部位配戴樣式小巧簡單首飾。請避免戴一些會讓他人目不轉睛的誇張物品。

套裝

如果是新進員工，那麼基本上穿著類似求職西裝的服裝是絕對沒有問題的。請選擇黑色、米色等設計較為簡單的款式。

襯衫

可以穿有領女裝襯衫、或者是棉質襯衫。如果是設計簡單的白色針織衫也沒有問題，但請避免穿著胸口大開的服裝。

指甲油

最好避免精心設計的指甲彩繪，但如果是淺粉紅色或者米色等顏色不鮮豔的指甲油就沒有問題。長度也要維持在不會妨礙工作並修剪整齊、保持一定的清潔感。

絲襪

最好的是淺膚色，絕對不能穿有花樣的。相反地，直接裸腿也非常不恰當。請不要忘記確認是否有綻線問題。

鞋子

請選擇黑色、棕色或米色等色調沉穩、沒有太多裝飾的基本款包鞋。涼鞋或者後踝帶鞋因為不夠穩重，並不適合穿到工作場合上。

基本上是休閒式西裝外套搭配裙子。如果穿裙子，長度略長至坐下的時候能遮住膝蓋，會給人比較好的印象。請避免會凸顯身體線條、又或者是有開衩的裙子。

辦公室休閒服裝

襯衫

最好是穿有領子、沒有花色的襯衫，但如果是沒有衣領的針織衫或者顏色很淺的上衣、毛衣類的休閒材質也可以。如果擔心會過於休閒，那麼就套件西裝休閒外套吧。

下半身

除了牛仔褲以外的休閒服裝材質基本上都OK。和套裝一樣，注意長度不能過短，還有不要凸顯出身體線條。

襪子及鞋子

雖然說是休閒，但也不能穿球鞋、拖鞋或者靴子。請選擇跟不會太高且色調沉穩的款式。

臉部周遭

不可以化個大濃妝，但完全沒化妝也是違反禮節。請留心化個自然妝。如果有很在意的地方，也可以化妝蓋過。

檢查重點

- [ ] 頭髮顏色自然嗎？
- [ ] 長髮有沒有簡單整理束起？
- [ ] 瀏海有沒有蓋過眼睛？
- [ ] 臉上的妝適不適合工作場合、是否具備清潔感？
- [ ] 指甲有沒有太長？
- [ ] 有沒有做了很誇張的指甲？
- [ ] 化妝品或香水的氣味會不會太濃？
- [ ] 外套、襯衫、女裝上衣、裙子有沒有皺褶或者綻開？
- [ ] 裙子的長度會不會過短？
- [ ] 襯衫的胸口處有沒有開太大？
- [ ] 內衣是否透出顏色、又或者跑出來了？
- [ ] 襯衫的衣領或袖口有沒有髒汙？
- [ ] 配飾和首飾適合工作場合嗎？
- [ ] 絲襪有沒有綻開？
- [ ] 鞋子有沒有髒汙？
- [ ] 高跟鞋的跟是否在7公分以內？

髮型

如果敬禮的時候，頭髮會蓋到臉上，那麼就用髮圈或髮夾將頭髮打理清爽。也要避免特別繁複的髮型。

粉底

選擇與自己膚色相近且健康的顏色且沒有油光反射的淡薄粉底會給人比較好的印象。素著一張臉是很沒有禮貌的。

眉毛

稍微考量一下時下流行的眉型是沒有問題的，但請避免讓眉毛變成過粗或者過細。顏色也要維持在基本色。

嘴唇

顏色會左右整體感覺，因此選擇的時候請考量與膚色的相襯度。太深、太亮的顏色都不行。

眼睛

眼影要選用淺色。棕色系沒有亮片的眼影能給人比較好的印象。睫毛膏或假睫毛請適當使用，不要過於誇張。為了避免充血，也要注意眼睛健康。

 希望大家能明白　香水的使用方式

對於香氣的喜好會有很大的個人差異，就算你自己覺得是非常好聞的氣味，也通常會有其他人覺得聞起來不舒服。絕對不可以擦太多。大約是在手腕、耳朵後方、腳踝處稍微擦一點，約莫是你覺得「這樣會不會太少呢」的程度即可。

同時也要注意不同公司制定的規範

不同的工作環境當中，通常也會存在與一般商業禮節大為不同的規範。

一開始可能會覺得「為什麼？」但會有獨特的規範，必定有其理由所在。通常都是由於諸位前輩們累積各式各樣的經驗之後，認為那樣做會比較方便且合理，所以才會採用那樣的方法。通常等到習慣工作內容以後，就會發現該規範的合理性。

但是一般的商業禮節，在與公司同事以外的人接洽時仍然是必備的。因此必須先理解商業禮節的基礎，再來配合不同職場當中獨特規範的需求。

若公司實施清涼商務

有些工作考量環境問題，因此較為推薦夏天的時候採用清涼商務、冬天則是保暖商務，是比一般商務打扮稍微休閒的服裝。以下是清涼商務的範例。

邋遢、無法感受到對他人的敬意、露出部分太多都是NG喏。

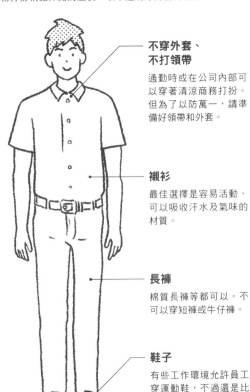

不穿外套、不打領帶

通動時或在公司內部可以穿著清涼商務打扮。但為了以防萬一，請準備好領帶和外套。

襯衫

最佳選擇是容易活動、可以吸收汗水及氣味的材質。

長褲

棉質長褲等都可以。不可以穿短褲或牛仔褲。

鞋子

有些工作環境允許員工穿運動鞋，不過還是比較推薦樂福鞋或套式皮鞋。

不同職場可能會允許的打扮

黑白色調的運動鞋或者棉織領帶等。

遵從職場規範

職場獨特規範有許多都是關於一些小細節的事情，新進員工很可能會沒有注意到。不過和周遭的人保持協調也是商業禮節之一。請向上司或前輩好好確認並且習慣這些規則。

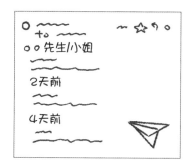

一般來說如果是討論同一個標題的事務，那麼就不會變更信件標題，而會維持原本的「Re:○○○」送出信件，但如果公司習慣要變更標題的話，那麼就請配合公司規範。另外，一般在回信的時候不會刪去對方的原文內容，而會直接引用回信，但如果工作的職場有規範，在太長的時候需要刪除一些不需要的內容的話，那麼也請遵守職場習慣。

有些公司會規定在社內討論商議的時候不採用印在紙上的書面資料。又或者是如果要列印出來的話一定要用雙面印刷，將兩頁資料放在一張紙上，諸如此類非常細節性的規則。請事先向上司或前輩確認這些事情。

一般來說，使用LINE或者電子郵件聯絡遲到或缺席事宜，在商業禮節上被視為是非常失禮的事。但有些職場的聯絡工具可能限定在LINE等社交軟體，也有些會有群組可直接對所有人發訊。

規則是可以改變的。請先試著配合周遭進行，以後再提議修改。

但是，再怎麼看都是很奇怪的規則啊。

 希望大家能明白

以職場決定為優先

比方說名片夾。以一般商業禮節來說，比較偏好大家使用皮製的名片夾，鋁製的則不太妥當，但這也會隨著職場不同而截然不同。也有些公司會發給新進員工印了公司行號名稱的鋁製名片夾，那麼習慣上就會使用公司的物品。據說理由是名片夾容易攜帶而且也經常都會拿出來使用，因此非常容易看到公司名稱，這除了能夠向其他公司宣傳自家公司以外，也能讓員工本人較有歸屬感、提高士氣等；而鋁製品比皮製品來得好客製化且費用也較低。與其強硬堅持一般性的商業規則，還是應該要以自己工作的職場為優先，與周遭的人達成協調。

為何問候非常重要

- 這是溝通的起頭工夫
  ⇒以打招呼為契機順利展開談話。
- 氣氛會較為明亮
  ⇒一聲輕快的問好能夠讓氣氛變得輕鬆。
- 可以傳遞訊息
  ⇒短短的一句話，可以表達體貼對方的心情、當天自己的身體狀況。
- 同時能夠防範安全
  ⇒讓人知道自己在這裡，可以避免偷竊等犯罪情況。

基本行禮方式

行禮分有以下三個程度。

 45 度　　 **30 度**　　 **15 度**

	最敬禮	敬禮	問候
視線	大約能看見對方的腳尖	大約能看到對方的膝蓋	大約看見對方的皮帶
場景	表達感謝時、道歉時	接收上級發出的指令、進出公司時	和地位較高或認識的人錯身而過時

行禮的檢查重點

- ☐ 視線是否有好好看著對方
- ☐ 聲音是否有活力
- ☐ 姿勢是否良好、挺直背脊
- ☐ 有沒有不小心同時說話（問候）和行動（行禮）
- ☐ 行完禮之後是否有重新將視線看向對方

所有行禮動作共通事項

行禮前後都要好好看著對方的眼睛

先說話（問候）再採取行動（行禮）

不能只低下頭來，必須從腰部向下彎

不要駝背、要保持良好姿勢

職場上有活力的問候
是互信關係的第一步

需要頻繁溝通交流的職場，也會看起來十分有活力。當然這並不是指無用的對話或者是私人聊天。沒有對話的職場會令人感到氣氛凝重、無法讓人覺得業務順暢。問候能夠讓人發出聲音來相互認知，心與心相繫之後，就有使人和緩展開一場對話的效果。這是由於問候雖然只是短短一句話，卻能夠用來表現出互相尊重的念頭及心情。

不管是什麼樣的人際關係，最開始的第一步都是從問候開始的。最剛開始要發出清晰聲音向大家問候的時候會很害羞或有點丟臉而感到非常猶豫，但還請務必要習慣做這件事情。只要一句非常有活力的招呼聲，就能夠成為讓業務順利進行的契機。

如果真的沒注意到的話，該如何是好呢？

在發現的時候出聲告知、道歉就可以了！

NG 不可以這樣向人問候

- 問候時不看對方眼睛
  ⇒會讓人覺得內心其實非常不想做這件事情。
- 一邊看著對方眼睛一邊行禮
  ⇒這樣會變成把頭往前伸的姿勢，對人來說很沒禮貌。
- 一邊走路一邊問候
  ⇒請暫停腳步再問候。
- 因為害羞，講話不清不楚
  ⇒看起來會像是把對方當笨蛋耍。
- 裝成沒看見
  ⇒損及對方對你的信任感。

希望大家能習慣掛在嘴邊的
社會人士的基本問候用語

- 謝謝您
- 承蒙照顧
- 請多多指教
- 我明白了
- 真是非常抱歉，能請您稍微等候一下嗎？
- 抱歉讓您久等了
- 抱歉，～
- 非常對不起
- 打擾了

 希望大家能明白

打開初次見面對象心房的問候術

一旦他人靠近便會感覺不愉快的範圍稱為「私人領域」。為了不要使初次見面的對象感到不愉快，最重要的就是抓出這個範圍，並且保持在此距離之外。具體來說，就是雙方都把兩手從正面舉起，做出「向前看齊」的動作，而約莫使指尖並不會碰到對方的距離。在向對方問候的時候，請以這個距離為準則，不要太接近對方也不要離得太遠。

能被認為是有能者的名片交換法

遞交方式可以看出等級!?

交換名片是先給者勝
請學習正統派的方式

對於商務人士來說，人脈是非常重要的。要與相遇之人加深關係，最一開始的步驟就是交換名片。在商務世界當中，要由地位較低者出聲問候是個常識。請謹記先給者贏這個候規則，不管是緊張還是害羞，總之請先自己拿出名片來與對方交換。以下就來介紹基本中的基本，正統派的名片交換方式。

✍ 交換名片的重點

正因為一旦習慣交換名片，就會變得有些隨性，因此必須掌握好基礎好好地和對方交換名片，以此提升好感！請讓初次見面的對象留下好印象。

收下名片的時候

• 以雙手收下

以雙手遞交並以雙手收下是正式的禮節。

• 確認姓名

說出「那麼我收下了」之後要立即確認念法。

• 維持在胸口高度

名片代表對方本人。絕對不要放低到下方。

• 名片夾的背脊朝向對方

正確拿名片夾的方式，是朝著自己方向打開。

遞交名片的時候

• 看著對方的眼睛報上姓名

和寒暄時一樣以爽朗的聲音報上姓名。

• 讓名片正面朝向對方

遞交的時候要讓對方容易看清楚名片。

Q&A

這種時候該如何是好?!

雙方同時遞出名片？

先退回自己的，收下對方的名片。之後多說一句「不好意思這是我的名片。」之後再重新遞出自己的名片。

如果要和許多人交換名片的時候？

上司之間先互相交換名片，然後是上司與對方的部下、接著是自己和對方上司交換。最後才是部下之間交換名片。在上司互換名片的時候，部下請在一旁等候。

NG 這樣交換名片會給人壞印象

- 沒有使用名片夾，而以錢包等物品來代替
- 名片皺皺巴巴
- 遞交的時候沒有自己報上姓名
- 以單手宛如搶劫一般拿走對方的名片
- 弄掉對方遞來的名片

- 將拿到的名片馬上收起來
- 將拿到的名片收在褲子後方的口袋
- 把玩拿到的名片
- 當著對方的面在名片上寫字
- 忘了帶走拿到的名片

 希望大家能明白　　**請正確使用**名片夾

- **材質**

最好是棕色或黑色的皮革。

- **要放在哪裡**

男性放在胸前的口袋。女性則請放在包包裡。

- **交換名片的時候為何需要名片夾？**

名片夾是用來取代托盤的東西。從前的武士會將自己的名字寫在紙上請求謁見地位較高者，那時會把紙張放在托盤上送過去，而到了現在就是名片夾。坐下之後請將拿到的名片放在自己的名片夾上。

一不小心發完名片日後郵寄給對方

 顧問·42歲

以往我曾發生過不小心發完名片，結果在向對方問候時沒能遞交名片的窘境，之後我將名片連同道歉函一起寄給對方。那個時候對方收到信，馬上就撥了電話給我，而我們也在那通電話中談好了契約。當然，原本是不應該發生用完的情形，但如果能迅速應對的話，也可以化危機為轉機。

請找朋友或同事練習到能夠流暢交換名片吧！

商務場合當中，經常會出現必須與公司同事以外的人見面的情況。

如果是由自己前往對方所在地，那麼就一定是有某種目的，可能是新人問候、處理業務、商談，又或者是去道歉等。請務必要有個自覺，那就是前去拜訪是佔用對方寶貴的時間，因此在行動時務必要依照預定時間結束。拜訪他人時不用多說，當然是不可以遲到的，但如果太早到也會造成對方的困擾。請依照預定時間展開會面的標準去安排行程。

另外也必須謹記，對於拜訪的對象來說，自己就代表著公司，因此在遣詞用句上不可失禮、要以有禮貌的態度面對。

拜訪的目的為何
必須明確對目的有所認知

拜訪前應該做的事情

為了讓拜訪成為一件有意義的事情，做好事前準備是非常重要的。除了以下列出來的項目以外，也絕對不能忘記先確認不會造成遲到的交通方式及所需時間，在10分鐘前抵達。

拜訪前的準備
不可以在一無所知的情況下就前往。尤其是第一次見面的對象，請先調查好對方公司相關資訊。

↓

出門前要做的事情
確認是否有遺忘物品、必須要帶去的東西是否齊全。資料請準備多一些。

↓

穿著打扮是否恰當
領帶有沒有鬆掉或者歪掉、鞋子有沒有髒汙、頭髮是否凌亂等，請看著鏡子確認一下。

希望大家
能明白

高明的預約時間方式

在商務場合上要與人會面，必須事前取得預約。請先以電話或者電子郵件事先說明拜訪目的，並詢問對方是否方便讓自己過去，取得對方同意。另外也要告知大約需要多少時間面談、同行者有幾人等。另外，原則上要以對方比較方便的時間為優先。請先詢問對方希望約定的時間，然後配合對方的時間，如果時間無論如何都對不上，那麼就提出兩到三個提議供對方選擇。

拜訪流程

為了不要抵達目的地才開始慌張，請先參考基本流程預想一下會有哪些事情。

坐下
對方請你坐下之後才坐。拿到的名片放在名片夾上，一起擺在桌上。

← **交換名片**
（34、35頁）

← **櫃檯**
請好好打招呼，將自己的公司名稱及姓名告知對方，並表達是否有先預約。

談話流程

導入
不要一開始就進入正題，為了化解緊張可以先聊一些比較隨興的話題。事前準備時調查的資料在這裡就能派上用場。

正題
簡單明瞭地告知本次拜訪目的。要留心的是你正在佔用對方的時間，因此要以謙虛有禮的方式表達。

結束話題
原本的禮節就是要由來拜訪者提出談話結束的意思。表達自己非常感謝對方願意撥出時間見面之後，將名片收起來。

離開
確認有沒有遺忘物品。不要等人領路，請自行離開。

Q&A
這種時候該如何是好?!

好像快遲到了！

馬上連絡拜訪對象。除了道歉以外還要告知預計抵達時間，如果會嚴重遲到的話，請配合對方的情況及決定。

想借用洗手間。

大前提是在拜訪前已經去過洗手間。如果是不得不去的話，那麼就先和對方確認：「不知道是否方便借個洗手間呢？」

對方遲到了、又或者不在。

將情況告知自己公司以後，如果沒有問題就請對方的櫃檯人員讓你原地等候。

智慧型手機的電源該關嗎？

最好是關機、或者讓它不會發出聲音。也不要只轉成震動模式。

對方端出點心？
（43頁）

在不會妨礙說話的時候，說一聲「謝謝招待」後吃掉。

回公司之後。

向上司報告自己已經回到公司。有需要的話就要提交報告。

用座位席次位置表示敬意
是自然的接待方式

在商務場合當中最重要就是信賴關係。為了要表達出對於對方的敬意，有各式各樣的表現方式，當中「上座、下座」代表的座位席次就是其中之一。根據你讓對方坐在哪個位置，就能夠展現出你對於對方的敬意及接待之心，這是禮節的基本、非常受到重視。要是遣詞用句及態度非常認真，卻因為不懂得座位席次的禮儀而大為扣分的話，那就太可惜了。在習慣以前也許會覺得非常迷惘，但只要記得基本的席次順序就沒有問題。還請務必謹記各種大原則。以下介紹的是會客室、會議室的座位席次。

會客室的基本原則

這是一般會客室的平面圖。如果平常就對上座及下座有所認知，那麼前往拜訪他人或者忽然有人來訪之時，也能順利入座。

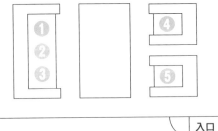

靠近入口的那邊是下座呀。

- 基本上離入口最遠的座位是上座
- 但是如果能從窗戶看到非常棒的景色，那麼就算比較靠近入口，能看見景色的那邊還是上座
- 三人座的沙發基本上是給客人用的
- 以椅子的形式來區分的話，長椅子是上座。接下來的順序是單人有扶手的椅子、有靠背的椅子、沒有靠背的椅子
- 簡單的說，最舒服又安全的座位是上座

(最高原則)

拜訪者坐在上座；接待者坐在下座

就算接待者年紀較長，上座仍然是拜訪者的座位。

上座、下座的思考方式

只要知道「危險會從入口進來」，就會記得最安全的地方是上座。

會議室的座位席次

除了會客室以外，各種場合當中都會出現上座及下座。基本思考方式都和會客室相同。距離入口最遠的地方是上座。

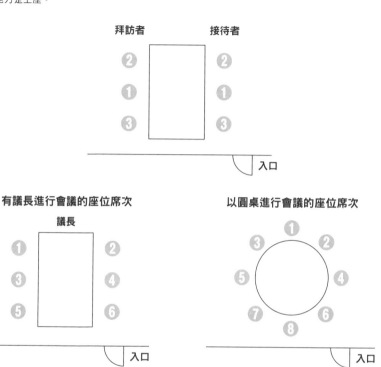

有議長進行會議的座位席次

以圓桌進行會議的座位席次

 Q&A

這種時候該如何是好?!

在等待對方過來的時候，應該在下座等嗎？

如果是在咖啡廳等較為休閒的場所，為了比較容易看到對方前來，那麼在上座等人也沒有問題。但基本上還是地位低的人坐下座，等人到齊之後請把上座讓出來。

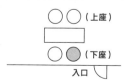

如果下座反而比較寬敞舒適。

最安全且舒適的位置就是上座。就算距離入口比較遠，但要是座位狹窄、或者容易撞到後方的人，如此不舒適的位置便不能稱為上座。要請對方坐在比較舒適的位置。

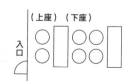

若準備在拜訪的時候送給對方請在交換名片後立即拿出來

為了讓業務能夠順利進行，送上伴手禮作為一點小心意是不可或缺的。這種時候最重要的就是對於對方的敬意以及體貼。重點就在於，要想著遞給對方的時候，對方有什麼樣的感受，以此為標準來挑選。

盡量站在對方的立場來做考量，就能夠把誠意傳達給對方。這種時候，不能只思考會直接遞交的那個對象，應該要將對方的職場也列入考量。如果能夠配合對方喜好及環境，又或者選擇自身當地的特產品等，便能夠使對方有更深刻的印象。遞交的時候也絕對不能失了禮數，請遵守禮節以建立良好關係。

什麼時候必須要帶伴手禮

前往拜訪將來會進行交易的對象時、要與平常十分關照自己的人會談時，又或者需要打從心底謝罪的時候，都請攜帶伴手禮前往。

■ 遞交的時候請說這些話

> 還請您享用

> 一點小心意

> 希望合您口味

> 請各位一起分享

以往會說「不是什麼特別好的東西」這種謙虛的說法，在現代禮儀當中反而是非常失禮的一件事情。畢竟是希望對方開心才選的東西，請帶著笑容堂堂正正地送給對方。

紙袋只是為了方便提到那裡的工具。遞交的時候請從袋中拿出來，直接交給對方。

NG 如果對方是公務員等人士，收受伴手禮會成為賄賂，因此請儘量避免。

應該選擇什麼樣的物品

除了要遞交的對象本人以外，也必須考量他的部門人員以及職場環境等，選擇最為適當的伴手禮。

價格範圍？

第一次拜訪的對象大約是日幣三千到五千左右，如果是要謝罪，那麼需要五千到一萬上下。

選擇方式

有單獨包裝、保存期限稍長的食物是最保險的。但如果是非常稀有的季節性產品或特產的話，沒有單獨包裝也沒關係。

拿到伴手禮的時候

收到的伴手禮是客人的心意。收下的時候也請不要過於失禮。

• 要放在哪裡

如果空間足夠的話，就放在桌子角落。請避免放在地上。

• 要端出剛收下的食物嗎

如果方便當場吃的話，也可以端出來。

• 應該馬上打開嗎

如果收到比較稀有的東西，可以徵求對方同意之後打開。

• 如果端出剛收下的東西，應該說什麼

可以說「機會難得，還請一起享用。」請對方一起吃。

■ **收到東西應該這麼說**

> 非常感謝您的心意。

> 那麼我就不客氣收下了。

只要老實說出感謝對方的心意就可以了呢。

Q&A

這種時候該如何是好?!

有好幾個人前往拜訪。應該由誰遞交？

基本上應該由同行者當中地位最高的上司，交給拜訪對象當中座位席次最高者。視時機而定，也可以交給聯絡窗口的直接負責人。

錯過了遞交的時機。

在會談的期間，把伴手禮放在包包的上面。絕對不可以放在地上。等談話到一個段落，或者是回去的時候再交給對方就可以了。

不知道應該要送什麼才好。

如果是女性較多的職場，那麼西洋甜點會比較受歡迎；如果年長者較多的職場，那就準備和果子。重點在於配合對方職場的狀況來進行選擇。

收到東西的時候，不可以只分給現場的人，要幫外出的上司把東西留起來。

端茶出來給來訪的客人時
應該注意的事項

要上茶給特地來來訪的客人時，必須表現出「非常歡迎您過來」的歡迎之心。如果是炎熱的日子，就應該端出冰的東西；如果是寒冷季節就要拿來溫熱的飲品，最好要保持能夠配合狀況提供最恰當的東西。

假如桌子的排列位置等很難依照下列順序送上時，最優先的考量方式是不要妨礙到對方，請盡可能臨機應變。

如果商談已經開始了，那麼端茶出來時請以視線行禮即可。

端茶出來的時機

將客人帶到會客室或者會議室之後，就要馬上去準備茶水。
這樣一來就算負責應對的窗口稍遲了，也能送上茶水請對方稍候。
上茶的時候請說一聲「打擾了」或者「請用」之類的話語。

上茶的順序是客人優先。一般會從客人能看到的右手邊後方上茶。

如果客戶或者對應窗口不只一個人的時候，請從客人上座的位置依序上茶。

泡茶以及上茶的方式

① 為了不讓茶湯很快就冷掉，請先倒熱水在茶杯裡為杯子保溫。

將茶葉放進茶壺當中，如果沖泡的是番茶就用滾水、若是煎茶就用80℃上下的熱水來泡大約一分鐘左右。

② 為了讓濃度可以平均，分次將茶湯倒進人數分量的茶杯當中。注意倒茶時不要放在托盤上。

③ 茶杯及茶盤要分開放在托盤上拿過去。上茶的時候再將茶杯放到茶盤上。

請考量端茶給你的人的心情再行動

享用別人端出來的茶時，希望大家能夠留心為你準備那杯茶的人的心情。雖然也要小心享用時機的問題，但基本的禮節是溫熱的東西還溫熱時享用、冰涼的東西在仍是冰涼時享用。端出來的點心當然也是可以吃的。如果沒吃沒喝可就是辜負人家特地準備的心意了。離開的時候也請稍微整理成對方比較好收拾的狀態。

也不要忘了說我開動了、謝謝招待等話語。

Q&A
這種時候該如何是好?!

什麼時候可以喝？

對方端上來就馬上喝並不會失禮。請說句「容我享用一下」之後就喝吧。如果對於什麼時候可以喝感到困惑，等你的上司拿起來喝以後再喝就絕對沒有問題。

茶杯上有杯蓋!? 要放哪裡啊？

請以左手扶著茶杯，以右手從靠近自己這一側掀開杯蓋並小心不要讓杯蓋的水滴濺出來。拿起來的杯蓋仰著放在茶杯的右側。

茶是不是不要喝完比較好？

只要想到這是人家特別準備的，就應該知道喝完才是正確禮節。可以說句「多謝招待」。

誰去上茶？

最好是了解客人、同一個團隊的後輩去上茶最為妥當，但基本上來說無須區分男女，當下有空的人去就可以了。

如果要在咖啡廳會談點什麼比較恰當呢

畢竟飲食並不是主要目的，因此就算有很想吃喝的東西，也還是請選擇普通的咖啡或者紅茶。如果很迷惘的話，就和對方或者上司點一樣的東西。

希望大家能明白 寶特瓶裝飲料的上茶方式、飲用方式

如果是重要會議的場合，最好避免使用寶特瓶飲料。如果只是會談一下或者見個面，那倒是沒有什麼問題。多添上一個紙杯就行了。如果對方給瓶裝飲料又沒有喝完，基本禮節是要帶回去，不可以留在那裡。如果喝完的話，請依照對方指示丟棄在指定場所之後再離開。

電梯裡也一樣
最安全的地方是上座

電梯原本就是個「危險的箱子」。最高原則是絕對不可以讓客人一個人在裡面。請保持一個習慣：電梯門打開了，裡面沒有人的時候也要先進去、最後再走出來。電梯當中，最裡面的位置就是上座。

進電梯的順序

<如果裡面沒有人的時候>

- 對同行者說一聲「失禮了」然後先進電梯。
- 站在樓層按鈕前操作按鈕，引領同行者。
- 確認所有人都已進電梯且站好了，再按下關門鈕（也可以不按）。

<如果裡面有人>

- 壓著門等待裡面的人走出來。
- 之後請同行者先進電梯，自己最後進去。

■ 電梯的位置席次

五個人搭電梯的時候

兩邊都有樓層按鈕

樓層按鈕只有一邊有

■ 出電梯的順序

在樓層按鈕前的人按下開門鈕，請其他人（包含同行者）先出電梯，自己最後再出去。

Q&A 這種時候該如何是好?!

 電梯非常擁擠。

 如果不趕時間的話，就搭乘下一趟電梯。請對客人說一句「抱歉人太多了。」

 如果無法全部的人都進電梯怎麼辦？

 如果樓層不遠的話，請客人都進電梯，自己去走樓梯。如果樓層距離有點遠，那就請客人進電梯，然後拜託目的樓層的同事協助接待。

📋 何時應該讓路？又或者不讓？

基本上都應該要讓路。但是也有讓路反而失禮的情況。請先預想好各種狀況以後，再來確認應該怎麼做。

平常就要靠邊走，有人經過的時候就讓開。

如果帶著客人的話，就不應該讓路。

在樓梯上要靠外側走。

在走廊上停下腳步讓路是最基本的待客精神

如果在走廊或者樓梯與人擦肩而過時，請先停下腳步、向對方點頭示意之後，讓路給對方。這個時候不要駝背、或者是卑躬屈膝，請帶著從容而謙虛的笑容來做這件事情。也不要跑著越過對方、又或者是好幾個人三三兩兩地並排著走路。

NG

＜電梯＞
- 有人要出電梯卻硬是先進去
- 在電梯門正面等候
- 站在樓層按鈕前卻不幫忙按按鈕
- 有人要進電梯卻按下關門鈕
- 拿起手機講電話、或者操作智慧型手機
- 吃喝東西或聊天

＜走廊＞
- 從別人身邊跑過去
- 一群人並排著走路

 希望大家能明白

電梯或者走廊是公共場所

電梯和走廊都是非常容易有回音的地方。就算沒有看到人，說話聲還是有可能被其他人聽見。畢竟電梯和走廊都算是公共場所，請不要在這些地方談論公司內的事情、又或者是關於客戶的事情。

負責開車的人不同
上座的位置也會相異

交通工具的座位席次，基本上也是一樣，最安全且舒適的位置就是上座。以汽車來說，基本上是駕駛座後方為最安全的座位，但依據不同狀況，上座的位置還是有可能改變，還請多加留心。

汽車的席次

上座的位置會根據開車的人不同而有些許改變。請先理解不同狀況下的汽車座位席次。

（譯註：日本的車子為右駕，因此駕駛座與副駕駛座的位置與台灣相反）

計程車

後座中央由於腳下會有一整塊凸起處，坐起來非常不舒服，因此是下座。

上司或者客人開車

副駕駛座為上座。請讓與駕駛地位相等的人坐在這裡。

7人座的車輛

由於不好上下車，因此最後排的座位是下座。

打高爾夫球的時候就會發生這種情況呢。

後方座位的安全帶

日本自從2008年修正道路交通法以後，規定後方座位的乘客也必須繫安全帶。為了安全起見，也要請坐在上座的客人或者上司繫上安全帶。

大型巴士

駕駛後方的席次為上座。

✒️ 飛機、火車的座位席次

與其說「靠窗位是上座」，
不如記得「離走道越遠的越是上座」。

安全性與舒適度
是決定上座的標準

不管是飛機或者火車也都是有上下座區分的。離走道最遠的席次是上座，如果是三人座的話，中間的是下座。請注意要讓兩旁的人都感到舒適。交通工具的前進方向也是決定座位席次的重要條件。除了上下座的思考模式以外，最重要的就是體貼之心。

飛機

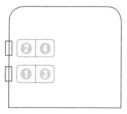

窗戶

→ 行進方向

不管有沒有窗戶，
只要從走道看過去
越遠的座位就是上
座。

火車③　包廂座

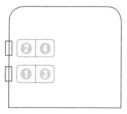

如果是面對面的4人座位，那
麼朝著行進方向最裡面的那個
座位是上座。

火車②　坐兩排

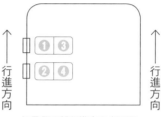

↑ 行進方向

如果是面朝行進方向坐兩列，
那麼前面那列、靠裡面的座位
是上座。

火車①

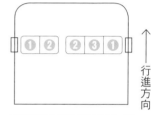

↑ 行進方向

不管是兩人座還是三人座，離
走道最遠的都是上座。

也就是說，比起背著行
進方向，面朝行進方向
的座位還是比較舒適。

Q&A

**這種時候該
如何是好?!**

對於例外要能靈活應對。

如果有可能要頻繁地前往洗手間，上司也許會自
己說想要坐在靠走道的座位。如果是當事者自己
非常想要坐在那個位置，那麼也沒有關係，不過
基本上還是會請地位較高者坐在裡面靠窗戶的座
位。如果是面朝行進方向的兩排雙人座位，而上
司們必須要談話的話，那麼就請上司都坐在前面
①②、而後方座位則是③④。

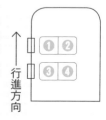

↑ 行進方向

進公司也必須遵守規定迅速抵達

上班時間＝到公司時間

請從容抵達公司

如果公司有規定開始上班的時間，那麼就不可以剛剛好那個時間到。上班時間指的是你開始執行業務的時間。準則就是你必須要能夠在那個時間馬上開始工作，因此必須從容抵達公司。為了能在大眾交通工具發生問題的時候，將影響降至最小，應該要早一點出發前往公司，並且事先確認好前往公司的不同通勤路徑。如果公司有早會等習慣的話，應該要在早會之前就先將事前準備工作做好，這樣才能在早會一結束就立即開始工作。請確認好當天一整天預定執行的工作，以及工作的優先順序，讓自己能夠非常有效率地執行工作。

如果快要遲到的時候如何應對

身為社會人士是絕對不可以遲到的。但如果由於交通工具發生問題、又或者身體不適等，因不可抗力之問題導致可能發生遲到的時候，請務必要聯絡公司。如果是大眾交通工具的問題而需要提交延遲證明的話，請記得要去取得證明。

聯絡方式

基本上要以電話聯絡。如果公司或部門有固定的遲到連絡方式的話，請遵守公司規範。如果能夠預料大概的時間，也要一併告知預計抵達時間。

早點出門進行晨間活動

事務人員，23歲

以往我經常在上班時間快到了才急忙奔進公司，但自從我提早一小時起床去上班以後，我的工作效率就完全不一樣了。因為不會遇到通勤人潮，所以不會一大早就覺得非常煩躁，因為早到所以也能在公司周圍散個心，覺得發現許多新東西、思潮如泉湧。這是我自己的「晨間活動」。

為了每天能夠從容上班而準備的檢查清單

- [ ] 前一天晚上確認要帶的東西以及服裝，先準備好
- [ ] 確實設定好鬧鐘
- [ ] 養成看天氣預報的習慣
- [ ] 在出門之前確定大眾運輸系統是否有任何問題
- [ ] 確保有不同的通勤路線
- [ ] 如果自己開車或者騎車通勤，那麼平常就要多注意保養維修

為了不遲到必須要……

考量到大眾交通工具可能發生問題，請養成提早出家門的習慣。如果早到公司的話，可以在附近喝個咖啡、又或者去洗手間重新整理儀容。

通勤中也要有自己是社會人士的自覺

要對於自己背負著公司門面一事有所認知。即使是在通勤路上，也不要忘記身為社會人士的自覺。

- **遵守交通工具的規範**

禁止在車廂門關閉時衝進車廂、又或者是給別人添麻煩。

- **要有維護機密的認知**

通勤中打開智慧型手機或者PC螢幕都有可能會造成資訊外流。

- **若騎自行車、開車通勤**

請遵守交通規則安全駕駛。

- **步行、慢跑通勤**

別忘了準備商務用的鞋子替換。

■ 通勤時間長度

通勤時間會占據工作者許多時間。可以利用這些時間考量工作優先順序及處理方式等，就能有效活用而不浪費時間。

	日本全國平均	1 小時 19 分
第一名	神奈川縣	1 小時 45 分
第二名	千葉縣	1 小時 42 分
第三名	埼玉縣	1 小時 36 分
第四名	東京都	1 小時 34 分
第五名	奈良縣	1 小時 33 分

出處：「平成 28 年社會生活基本調查結果」總務省統計局

■ 彈性上班制

這是能夠自己決定上下班時間的制度。如果能好好活用，就可以讓工作與生活達到平衡。

一定要上班的時間帶

彈性時間	核心時間	彈性時間

（例）7:00　　　11:00　　　15:00　　　19:00

到公司以後、開始工作前最好做完這些事情

在早上開始工作以前如果能夠從容不迫，那麼一整天的行動都會比較順暢。

- **確認電子郵件**

請先區分為必須要馬上處理的、以及可以之後再來處理的郵件。

- **做好當天的待辦清單**

在早晨就先設計好當天的工作內容。

- **整理書桌周圍以及共用空間**

清爽的環境能讓人心情愉悅的工作。

用洗手間的鏡子確認笑容

企劃人員・25歲

我一到公司以後，進辦公室前會先去一趟洗手間看一下鏡子。這是因為有時候電車太擠、又或者天氣寒冷，很容易不知不覺間就變成一臉煩躁。我非常注重看著鏡子微笑一下，調整過自己的表情以後再進辦公室。

> 首先活力十足地打聲招呼，讓公司內的氣氛變得融洽吧。

回去的時候
也不要忘了體貼周遭的人

剛進公司的時候，就算到了下班時間，可能也還是抓不太準離開的時機，因此而感到非常迷惘。在以往，通常是上司或前輩還在工作的話，部下迅速離開可能會讓人感到非常不好，但現在逐漸變成要盡量避免無謂的加班。如果工作結束、周遭也整理好了，請向上司及一起工作的人詢問一下是否有需要幫忙，沒有的話就好好地道別之後離去。當然，前提是你已經把自己應該做的事情都做完了。另外，如果有什麼理由必須早退的話，也要好好地交接工作，以免對業務造成影響。

下班時應該要做的事情

一言不發就離開是違反社會人士規則的。除了原本工作範圍以外，被分配到要輪值的工作等也要好好完成並向周遭的人都打過招呼再離開。

• 向上司報告

報告、聯絡、商量也是工作內容。請向上司報告你的工作進度。

• 整理整頓書桌周圍

要特別注意的是，你經手的文件等資料也不可以隨意讓他人觀看。

• 第二天的流程

回去之前先確認好明天工作的流程，這樣第二天工作起來會比較輕鬆。

• 如果有需要就要交接

不要把正在進行的工作放在一邊不管，請和大家共享資訊。

請思考如果還有工作沒做完是否就必須加班

請避免工作的時候拖拖拉拉的。

■ 如果必須提早離開的話最好做到這些事情

• 工作分類

請區分出應該要交接給別人的工作、以及可以日後再處理的工作。

• 告知及體貼周遭的人

一定要把早退的事情，告知會由於你早退而受到影響的人，並在下次來上班的時候表達感謝及抱歉之意。

下班時的用語

有時候會不小心脫口而出錯誤的話語，請先記好正確的說法。

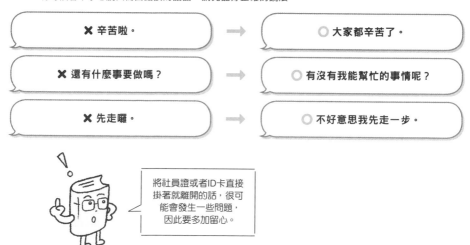

✖ 辛苦啦。	➡	⭕ 大家都辛苦了。
✖ 還有什麼事要做嗎？	➡	⭕ 有沒有我能幫忙的事情呢？
✖ 先走囉。	➡	⭕ 不好意思我先走一步。

將社員證或者ID卡直接掛著就離開的話，很可能會發生一些問題，因此要多加留心。

■ **實際總勞動時間指數的推算**（以平成 27 年為 100 作為指標）

在計時工作勞動者方面，勞動時間已連續五年下降。

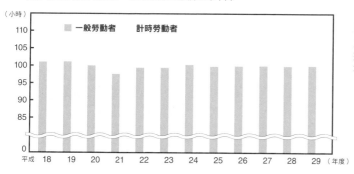

（小時）

■ 一般勞動者　　計時勞動者

110
105
100
95
90
85
0

平成 18　19　20　21　22　23　24　25　26　27　28　29　（年度）

平成29年以每個月換算的實際勞動時間，一般勞動者＝168.8小時；計時打工者＝86.1小時。

出處：「每月出勤勞動統計調查」厚生勞動省

加班並非美德

工作必須要在原本的上班時間內做完。請努力不要加班。

希**望大家能明白**

日報、對上司報告
的意義

工作始於上司的指示、終於向上司報告。由於上司有必要掌握部門及公司整體的工作流程，因此必須知道你當下的工作已經進展到哪裡。每天報告工作內容將有機會改善工作流程，也可預防失誤，還可能會帶你走向更好的工作。每天報告是為了改善業務整體，實在是不可或缺。

遞給對方的名片在眼前變得破破爛爛
對方明明是很有地位的人……

町田櫻小姐(假名) 28歲 女性

　　町田小姐是位在出版社上班的雜誌編輯。她自己也經常會撰寫稿子，將自己一步一腳印努力採訪獲得的資訊費心整理寫成報導，非常受到年齡層較高讀者的青睞。

　　「由於採訪對象也經常都是年長者，因此我非常留心向對方寒暄問候、交換名片這類事情。不過也正因如此，我也會非常在意對方在這方面的禮節。」

　　有一次，她前去拜訪某位圖書館的館長。

　　「因為對方是責任重大又有地位的人，我也對他要談論的內容非常感興趣，因此一直很期待和他見面。但是……。」

　　交換完名片之後，館長開始談起了圖書館的事情，而他的手卻伸向了町田小姐的名片，一邊說話一邊用手指折弄著名片的邊角、用兩手將名片揉來揉去地玩弄著。眼看著町田小姐的名片就這樣變成破破爛爛的狀態。

　　「我想館長先生應該是下意識在做這件事情。但是，總覺得他可能也是這樣看待我、覺得我不值得珍重吧，實在讓人感到非常不舒服。」

　　雖然館長說：「還請務必在雜誌當中介紹敝圖書館。」非常熱心地做宣傳，但我想大家也很能理解町田小姐的意願不高吧。

Chapter **2**

遣詞用句、向人搭話

為了要與工作對象建立兩者之間的安心感、互信關係，
首先不可或缺的就是穩重及適切的說話方式。

自我介紹要能夠讓人覺得
「我想和這個人一起工作」

除了經手的商品以及服務以外，讓別人記住自己也是社會人士的工作之一。自己本身必須要有一定的魅力，並且要能將這些魅力表現出來才行。如果能讓別人覺得想要和你一起工作，那麼你就成功了。請留心自我介紹的時候要活力十足，將你的品格傳達給別人。

**商務場合的
自我介紹裡
不可欠缺的3要素**

1 問候語
2 公司部門及姓名
3 意欲何求
　（對於並非公司同事
　之人，則應該說明自
　己負責的工作內容）

📝 自我介紹範例

以實際範例來看自我介紹中不可欠缺的3要素。

早安。我是被分發到業務部的室屋輝一。我希望能夠將日本好喝的酒介紹到國外，所以來到這間日本酒進出口量最大的貿易公司。我會好好努力，還請各位多多指教！

初次見面，我是內田怜。我在株式會社ALL OUT擔任職業顧問。我希望能夠協助那些想要轉職的人發揮出自己的魅力，使他們能夠在更好的環境下工作。還請多多指教。

■ 在許多人面前自我介紹

可以加入自己的經歷和興趣等特徵，留心要讓人對自己留下印象。但請不要為了逗人開心而試圖搞笑。

■ 個別自我介紹的時候

如果每個人分別自我介紹的時候，問候語說得過長會非常花時間，因此只要說出姓名和「請大家多多指教」然後展露出笑容就好。

給人好感的自我介紹

人對他人的印象，除了言語以外也包含外表等整體儀態。

• 姿勢
雙腳併攏雙膝緊併、站得直直的。也要將背部挺直。

• 動作
先問候再敬禮。不要動作和說話一起。

• 服裝儀容
要穿著有清潔感的服裝。頭髮也要整理好。

• 表情
看著說話對象的眼睛，微笑說話。

• 說話方式
聲音要明亮開朗、速度稍微放慢一點。

• 心情
最重要的是「想告訴對方」。請注意要說得簡單明瞭。

NG

- **太長**
  對方的時間非常寶貴。請注意不要說太久。
- **太緊張所以一直扭動**
  只要有動作就會讓別人非常在意，這樣會無法聽進重要的話語。
- **自傲的內容**
  想要展現自我很容易變得惹人嫌或顯得高傲，這會給人留下不好的印象。
- **負面發言**
  聽著就覺得難過。

只要對方能夠記住你的姓名，那麼就算是成功的自我介紹。

■ 遣詞用句會改變別人的印象

人們常言「說話代表一個人的涵養與心態」。言語就代表著那個人本身。說什麼、用什麼樣的表現方式，會讓人看透你的教養學歷、性格、甚至是思考方式等等。不管服裝穿得多麼美麗，如果用詞骯髒就會讓人覺得是個粗暴的人；相反地如果說的是方言，也會給人重視故鄉、是個質樸的人的印象。請好好想像自己希望成為什麼樣的人，然後留心要使用適當的遣詞用句。

遣詞用句必須能夠讓人感受到「不經意的體貼」。

務必要先將下位者
介紹給上位者

在商務場合當中，經常會有需要介紹他人、或者讓他人介紹自己的情況。在剛進公司的時候，通常都是自己被人介紹的，不過之後應該也會逐漸有需要介紹他人的機會。

介紹是有順序的。要讓顧客及公司裡的人見面的時候，要先向客戶介紹公司裡的人，然後將客戶介紹給公司裡的人。當然不需要對公司的人使用敬語、敬稱。重點就是務必要先介紹立場較低的人。如果要介紹同等的交易對象，那麼就先介紹關係較為密切的那方。經由你的介紹，也許就能夠會有新的業務呢。

✍ 介紹他人的時候

介紹他人的時候，除了介紹理由加上公司名稱、部門、職稱、姓名以外，如果能夠簡單說一下經歷及其專業的話，更能增添信任感。

地位較高者、顧客

① ②

地位較低者、公司的人

告知項目：
公司名稱、部門、職稱、姓名、介紹理由、經歷、專業項目等。

務必要先將「地位低者介紹給地位高者」！

Q&A

這種時候該如何是好?!

如果職等都差不多

如果介紹的兩位地位差不多的話，那麼就比較立場、職稱、年齡等等，先介紹較低者。

不只一個人時

先介紹公司裡的人，依照上司然後部下的順序；再介紹顧客，一樣是由上司開始介紹起。

介紹家人的時候

如果要介紹家人給公司裡的人，那麼當然是要先介紹家人。

NG 介紹時要避免的 4 種狀況

• 提圈內話

難得互相介紹,卻談起只有某些人知道、無法所有人都參與的話題,那就違反禮儀了。請留心話題。

• 把介紹他人當成施恩

就算之後成功發展為業務,也不可以擺出是你介紹的,所以應該感謝你的態度。相反地,如果你是被介紹的人而成功進行業務的話,請務必向介紹者報告經過。

• 介紹中離席

介紹者是該場會談的司儀。請不要在中途離席。

• 沒有預約就前往拜訪介紹

要介紹人的時候一定要事前連絡好。突然帶對方不認識的人上門打擾,是非常失禮的事情。

 希望大家
能明白

假日和家人或朋友**在一起,卻意外遇到**上司**的話**

簡單打個招呼之後,介紹「這是我的朋友○○」、「這是家母」等。如果不介紹卻躲起來,之後會被誤解是不是什麼不良關係之人。

在自家公司內**介紹**

如果是在公司內部將同部門的人介紹給其他部門的人,那就先從自己人(同部門的人)介紹起。敬語請依照上下關係正確使用。

> 原來如此。就算是在自家公司內部,也還是有自己人和外人的差異呢。

就算不太會說話，

會聽話就沒問題

聽到「商務中溝通非常重要」這句話，難免有人覺得「可是我不太會說話……」而失去自信。但事情其實並非如此。光是說話是無法建立對話與信賴關係的。就如同投出的球總得有人接住，投接球這個遊戲才能成立，因此在溝通當中，「聆聽者」也具有非常重要的作用。就算不太會說話，只要很會傾聽，那麼也能夠建立信賴關係。甚至可以說比那些話太多的人，還要讓人信賴。要注意並不是在一旁點頭就好，還要適時給出適當回應，留心採取主動聆聽的姿態。

給人好感的聆聽方式

擺出主動聆聽的姿態，你的評價就會非常高。也要留心姿勢與表情。

聆聽的姿勢

- 將身體轉向對方
- 稍微前傾
- 寫筆記

聆聽話語時的表情準則

- 笑容（嘴角提高3mm）
- 縮下巴
- 交互看對方的鼻子附近與眼睛附近

帶出對方共識的聆聽方式

必須要打造一個讓對方覺得容易說話的氣氛。請確認以下步驟。

請先集中精神在聆聽上

途中打斷對方的話題、又或者一邊做其他事情一邊聆聽，這都是ＮＧ的。

↓

給予肯定性的回應

請給予「原來如此」等等，肯定對方說話內容的回應。除了「原來如此」以外也必須要有各式各樣的回應（詳細見左頁）。

↓

給予積極的反應

沒有反應是最糟糕的。可以大幅點頭、又或者是寫筆記等，讓對方看見你非常積極聆聽的樣子。

會讓對方不舒服的回應

- 「好好好。」
- 「是這樣子喔。」
- 「啊？」
- 「騙人！」
- 「喔……」
- 不管聽到什麼都回一樣的句子

能讓對方知道你有在聽的回應

- 「是。」
- 「好的。」
- 「原來如此。」
- 「誠如您所說。」
- 「真不愧～」
- 「我也這麼認為。」

很容易出現的 NG 聆聽方式

• 擅自下結論

不可以在對方講到一半的時候，擅自下結論說「所以就是這樣吧」。

• 搶話題

將對方談論的內容節選一部分出來，與自己談論的事情搭上關係之後，讓自己成為話題的中心，這樣會給人不好的印象。

• 打斷話題

會讓人覺得你並不想聽、或者是你沒有把對方當一回事的印象。

• 邊做事邊聽

會被人認為你並沒有在認真聽。如果不集中精神聽對方說話，也很可能會遺漏重要的事情。

• 否定性的回應

在這些錯誤當中，最不可以發生的就是「啊？」這個回應。雖然只有一個字，但這是最傷害說話者的惡劣關鍵字。最好也不要說「咦咦？」之類的。

希望大家能明白 高段者的聆聽方式

以下介紹的是一種名為神經語言規劃（NLP）的溝通方式，是一種利用心理治療的方式，來獲得對方共識的聆聽技巧。

• 配合對方步調

配合對方的說話方式及呼吸等。聲音的大小、高低、速度和節奏都要和對方一樣。

• 做出鏡照動作

如果對方抱胸的話就不經心的一樣做出抱胸動作，以宛如他的鏡子一般，模仿對方的動作。

• 鸚鵡式回話

比方說「那部電影很好看耶」「很好看啊！」這樣，以對方說的話語來回應對方。一字一句完全相同也沒關係。

聆聽時也接收對方情緒才是最好的唷。

除了說話內容以外，
也要留心說話態度

除了做報告等場合要在許多人面前說話以外，平時的報告、連絡、商量或者電話當中的應對等，日常當中隨處都有說話的機會。尤其是商務當中的對話，最重要的就是資訊要正確、並且傳達的時候簡明易懂。音調及音量、遣詞用句或論點架構等，需要多加琢磨的要素非常多，就從能夠改善之處慢慢修正吧。

溝通能夠累積信任感、加深對彼此的信賴。為此，除了說話內容以外，說話的態度也非常重要。說話時注意不要流於自己的感情或只顧自己方便，而應該思考如何告知對方。

說話方式的基準

所謂溝通，必須是有人接下投出去的球，才能成立的。
以下列出來的是丟出去也容易接下的球。

• 說話速度

一旦緊張起來，就很容易說得太快而導致對方聽不清楚。請留心是否有這樣的狀況，用稍微慢一點的速度說話。

• 音調

聲音如果太高，聽的人會覺得非常疲憊。但若是低到很難聽清楚，那也是NG。最好能夠用帶些亮度又沉穩的中間音調來說話。

• 聲音大小

和對方的距離感非常重要。請不要在對方耳邊大聲說話、又或者是在會議上講悄悄話等。

• 遣詞用句

使用正確的敬語，留心要表現出尊重對方的表達方式。

• 論點架構

先說明結論或者主題，會比較容易將事情告知對方（參考左頁）。

• 服裝儀容

注意不要因為外表而使對方分心，請穿著具備清潔感的服裝。

Q&A

這種時候該
如何是好?!

**必須要說出自己難以告知的事情。
應該如何開口？**

請活用換句話說或比較能緩和語氣的用詞。若想請對方幫忙，請不要用命令句而應該用拜託的。舉例來說「不好意思，可以麻煩你幫我拿這些資料過去嗎？」等等。如果想要拒絕則要留心不可以使用否定句，而必須以肯定的說話方式回應。例如告知對方「真是抱歉。如果方便的話，下午我就可以幫忙了。」等等。

容易傳達訊息的說話論點架構

請先弄懂能夠在日常業務報告等方面都派上用場的，容易傳達訊息的說話論點架構。

主題

務必要先說重要的事情。請不要讓對方說出「呃，所以你想說什麼？」

依據

告知之所以會說這些話的背景及具體理由。

提議

說明自己對於以上事項的意見。訣竅是把發生的事情與自己的意見分開說明。

〈例〉

（主題）

我想找您商量一件事情，方便佔用您兩三分鐘嗎？

（依據）

Ａ公司通知下個月有比稿的參加會議。關於這件事情想詢問您的意見。

（提議）

我們和Ａ公司往來已久，但和五年前相比，現在交易已經減少很多。我認為這次比稿是加強雙方關係的絕佳機會。雖然Ａ社並不會支付比稿費，但為了能夠加強與Ａ公司的交易往來，我認為還是應該要參加。

我希望能夠由負責Ａ公司的我以及Ｂ同事一起處理這件業務。不知道您覺得如何呢？

 希望大家
能明白

語尾要明確、每句話都應該簡潔

為了要能夠簡單明瞭，重點在於每句話都要短。如果東拉西扯變成非常長的句子，就很容易讓人搞不清楚前後文的關係。要將句子切成較短的時候，也必須注意句子之間要用連接詞相連。這種時候要注意每個句子的語尾不能過於語意不明，要把句子講清楚。

順利的對話是「說話」兩成、「聆聽」八成

有很多人因為想要順利對話，結果說得太多。說話只要佔整個對話的兩成就夠了。仔細聆聽對方所說的內容，才是完美對話的精髓。

「現在有時間嗎？」是NG說法？

如果是使用電話聯絡，在看不到對方的情況下先確認這點是沒有問題的。但如果對方就在眼前，尤其是要和上司或者前輩說話的話，最重要的就是在搭話之前先觀察對方的樣子。另外，不要問對方有沒有時間，應該直接具體告知「想和您談關於○○之事」等。

為了讓組織中的工作順利執行必須要有報告、聯絡、商量

由於技術及通訊的發達，這個時代就算不在公司也能工作，有的甚至還能自由選擇工作時間。正因如此，上司就更有掌握所有人行動及工作進展的必要。為了讓團隊進行的工作能夠順利進行，所謂「報告、連絡、商量」便顯得非常重要。如果怠於執行，很可能會導致業務停滯，還請注意不要發生這種事情。

待辦清單裡面也要包含報告、商量、聯絡。

何謂報告、連絡、商量？

請確認報告、連絡、商量分別應該要注意哪些內容。

報告

告知你所負責的工作已經結束、或者工作進展狀況。如果犯了錯也務必要報告。

連絡

包含上司在內，所有與該工作相關的人皆應共享資訊，讓工作能毫無滯礙地進行。如果會遲到或者缺席也要記得連絡。

商量

如果業務上有不明確之處或者發生疑問導致難以做出判斷的時候，不要擅自給出結論，請向上司或者前輩詢問意見或者他們的判斷吧。

①指示
②連絡、商量
③報告

上司
部下

■「報告、連絡、商量」的共通訣竅

● 整理要點

必須明確表達要傳達的事情，說話簡單明瞭。

● 區分事實與推測

仔細整理資訊，不要把個人意見混雜其中。

● 不要語帶含糊

如果有具體數值就要講清楚。

● 不要妄下判斷

整體事態很可能大幅超越你所能見的範圍。自行判斷很可能會造成錯誤應對。

希望大家
能明白

越是不好的消息，
就更應該快速、
正確、誠實告知

因為不想挨罵所以比較晚去報告，非常有可能會使它發展成重大問題。越是及早應對，越有可能在損失較小的情況解決。如果發生錯誤或者發現問題，還請盡量快速、正確且誠實報告。

嚴重程度

發生問題　　應對方法的數量

只要經過的
時間越長，
解決的方法
就會更少

不報告就無法傳遞
正確資訊，很可能
會走到錯誤的路上

避免「報告、連絡、商量」缺失的檢查清單

每天執行業務的時候，都請好好確認自己是否遺忘報告、連絡、商量。

報告時機

- 被交付的工作完成的時候
- 中長期工作的一半
- 工作進行方式變更的時候
- 發生錯誤或問題時

要告知、要確認時
不可或缺 6W3H

- [ ] When（何時、何時起）
- [ ] Who（誰）
- [ ] What（什麼事）
- [ ] Where（在哪裡）
- [ ] Whom（對象）
- [ ] How（如何）
- [ ] How long（多久時間）
- [ ] How much（多少錢）
- [ ] Why（原因）

■「連絡」的目的是為了公告事實

請除去你自己的推測，好好地將事實資訊正確傳達給他人。在早會時的報告事項、共享工作內容、寫在白板上的行動預定、接到電話時的留言轉達等，全部都是「連絡」事項。

■ 請養成平常就要交換資訊的習慣

在精通工作內容以前，很可能不知道該如何判斷某項資訊可以公開到什麼樣的程度。另外像是「交易對象的A公司看板換了」這種，對你來說可能覺得只是小事，但對於負責的窗口很可能是非常重要的資訊。如果覺得迷惘，也可以和上司或者前輩商量，不過最好能夠平常就輕鬆地和周遭交換資訊，然後豎起天線注意應該要將哪個資訊告知誰。

■ 要先有自己的想法才能去「商量」

如果有不明白的事情，去商量是沒有問題的。但如果直接丟出「我不知道」、「這應該要怎麼辦啊」這種話，那麼對上司來說就沒有把工作交給你的意義了。請採取「我是這樣想的，不知道這樣如何呢」的商量方式。

對方很忙。不要忘記
「從結論說起」、「簡
單明瞭」！

經過62頁的說明，大家應該都已經知道「報告、連絡、商量」在組織的工作之中有多麼重要。理想情況是組織整體宛如一個人格那樣，朝著達成目標的方向前進。工作分工越是精密，資訊共享就會更加重要。

希望大家要注意的是，資訊從一個人傳給另一個人的時候，會像傳話遊戲那樣稍有些許變化。最好的方法是直接報告知、或者使用能夠各自直接確認的系統，但若仍要透過口耳轉述時，請注意務必要正確轉達資訊，切勿摻雜主觀意識在其中。就算只有一點點迷惘也不要自行判斷，而是應該去找人商量，以團隊的方針為優先。只要有任何結果都應該要報告，這也是一種禮節。找人商量也不要忘了向對方道謝。

資訊共享的狀況及手法

在明白資訊共享的重要性以後，就來看command系統及共享的流程。

■ 資訊共享手法

- 直接對話、商談
- 電話
- 電子郵件（CC、BCC）
- 社群軟體
- 會議
- 早會、社內刊物
- 社內告示板

③上司最初的發言

①一對一對話

上司　對方　自己

前輩

②由外部獲得的資訊傳達給團隊所有人

同事　前輩　上司

自己　同事　自己 窗口

自己　外部

檢查清單

<自己告知訊息時>

☐ **除了電話、口頭以外,一定要留下文件**

「說了還是沒說」這種事情是紛爭來源。請務必留下文件或者電子郵件等證明。

☐ **確認且負起責任告知**

傳達的資訊如果錯誤就沒有意義了。

<自己接收訊息時>

☐ **做筆記**

為了避免想錯或者聽錯,請養成記筆記的習慣。這對於整理資訊也會有所幫助。

☐ **務必確認6W3H**

為了客觀掌握事實,確認的時候不可以遺漏必要事項。

☐ **確認之後的共享情況**

確認自己獲得的資訊應該要以何種方式共享。

這種時候該如何是好?!

可以找誰商量呢?

請先和該項目相關之直屬上司商量。如果上司指示應該找誰商量的話,再去找那個人。

非常小的細節也應該去商量嗎?

決定那是否為「非常小的細節」的不是你,而是對工作下指示的人。請不要擅自決定事情的輕重緩急。

什麼時候能去商量?

發生錯誤或問題的時候就要盡快。如果是其他情況,也應該早點解決,不可以將問題一直放在那裡。

我是去商量的卻挨了罵。

有把問題整理好了才去商量嗎?有自己先想過再帶著想法去商量嗎?有先確認好是方便和對方講話的時機才去商量的嗎?

資訊共享、中間報告的流程

下面就以上司與部下的關係為範例,來看資訊共享及中間報告的流程。

上司和前輩都很忙碌 觀察之後再去搭話吧

工作會有團隊分工，由大家各自執行自己的業務來推動工作。雖然為了報告、連絡或商量會需要向上司或前輩搭話，但是大家畢竟都非常忙碌。報告或者商量等如果是因為自己需求而想去搭話，那麼就必須看清楚時機是否恰當才行。

要盡量避免去搭話的時機，已經整理在左方頁面，基本上只要好好觀察想搭話的對象，然後站在對方的立場思考，就能夠明白。首先應該要先看清楚報告、商量的內容之重要性，如果非常緊急的話就無須顧慮、趕緊上前，其他請在等待時機的時間內，好好整理報告或者連絡的內容吧。

✏️「搭話」可以使用的開頭語句

當你要引起對方注意時，可以使用下面的句子開頭，這樣也能照顧到對方的心情。

> 真是抱歉，在您百忙之中……

> （若是電話）您現在方便嗎？

> 抱歉打擾您工作。

> 抱歉在您如此疲憊之時打擾，但是否方便……

如果能夠用這些句子開口，那麼就能給人「他有在體貼我」的印象。

Q&A

這種時候該如何是好?!

 我不知道想通電話的人目前正在做什麼，這樣我很難打電話給他……

 由於你看不見對方的樣子，因此很有可能在對方正忙的時候撥了電話過去打擾。但是，電話就是這樣的連絡方式。在接通之後先向對方確認：「現在方便講電話嗎？」如果對方不方便，那麼就詢問他方便的時間，之後再重打。並不需要過於在意自己被拒絕、或者打擾到對方。如果並非分秒必爭的緊急事件，那麼也可以使用電子郵件等方式進行連絡。

避免搭話的時機

畢竟要談工作的事情,如果有必要就不需要遲疑,但是以下時機最好還是避免。

•如果對方正在計算數字或整理文件等較精密的工作

這種時候如果呼喚對方,很可能會打斷對方思緒、造成他的麻煩。

•剛進公司、剛回公司

對方必須要執行的業務堆積如山。請觀察狀況之後再過去。

•正要離開座位、快要下班時

也許對方有急事要處理。如果不是十萬火急的事情,請等他回座位(或者是第二天)再處理。

當然,如果是緊急的事情就不需要顧慮了。

 希望大家能明白

請「預約」商量事宜

由於上司總是非常忙碌,如果想試著搭話,很可能會被以「現在沒有時間」婉拒。這種時候,可以像與顧客或者廠商預約會面時間一樣,向上司「預約」一下。將想商量的事情整理好,估算需要耗費的時間之後,告知「關於○○之事,是否能在您方便的時間找您商量,大概佔用您X分鐘左右呢?」也可以用電子郵件告知上司。請盡可能避免因為一直錯失商量時機,結果反而造成慘劇⋯⋯。

提出幾個候補日子給過於繁忙的客戶約會面
業務・32 歲

客戶老是無法配合我想和他商談的時間。因此我就提出了三個時間,請他選擇方便的時間,沒想到他竟然回覆「這天的話我可以唷」!因為他一直都非常忙碌,所以提出好幾個時間讓他選擇的話,他似乎也比較好安排自己的時間。這樣就很順利了!

因為顧慮太多反而引發重大問題
工程師・28 歲

客戶向我要求報價要降價的事情,但我又怕麻煩到事務繁忙的上司,而且也不想降低自己在上司心中的評價,結果一直抓不到找上司商量的時間,就這樣拖拖拉拉地過了好幾天。而客戶由於我並沒有特別回覆他,似乎以為我是答應要降價,結果造成重大問題。後來我下定決心在緊急時刻,絕不能錯失搭話的機會。

應對得當可將危機化為轉機

收到客訴時的應對方式

要完全沒有客訴是非常困難的。

如果收到了激烈的客訴，那麼正是提高自己商務能力的機會。有時候客人是對商品或者服務有某種狀況的不稱心，請先好好把對方的話聽到最後，確認好狀況吧。不可以中途打斷對方、說出自己的臆測、又或者是否定對方。

細心應對、聽完對方說的話，確認事實關係以後再來研討對策並且告知對方。一件客訴也可能成為改善的契機，而應對良好也能夠增加喜愛企業或該商品的人。請留心要比平常還要更加誠實應對。

收到客訴時要注意的八件事項

可以的話，當然是不想收到客訴。但是真實的「意見」會包含貴重的觀點。
還請誠實應對。

① 迅速應對　　➡　收到客訴要馬上處理。如果放置不管會造成情緒惡化。

② 好好聽話　　➡　不要打斷對方說的話、請好好聆聽到最後。不要在途中提出藉口。

③ 必須謝罪就快速道歉；不要做無謂的道歉　　➡　好好聽對方說完之後，如果應該要道歉就馬上謝罪。

④ 確認事實　　➡　也許有什麼誤解。為了在今後建立對策，請在聽完之後確認事實。

⑤ 不要感情用事　　➡　客訴的人大部分都會非常感情用事。絕對不可以和對方一樣。

⑥ 遣詞用句溫和　　➡　尊重對方，用詞遣自請留心要比平常更加溫和。

⑦ 提出解決方案、替代方案　　➡　在聽完所有事情以後，要提出可以解決問題的方案或者替代方法。

⑧ 表達感謝之意　　➡　客訴或許可以推動改善。請向對方表達非常感謝他主動連絡。

NG

對應客訴時的 NG 字句

- 真的嗎？
- 才不會那樣！
- 我也搞不懂。
- 應該怎麼辦啊!?

記錄與向上司報告

請養成習慣，客訴一定要和整個職場共享資訊。除了追究原因以外，也務必要向上司報告。如果是非常嚴重的問題，絕對不要妄下定奪，應該委託上司處理。事後找出客訴原因並總結出避免類似事件再度發生的方針，之後再向上司報告。

收到客訴時的心態

客戶是抱持著什麼樣的心情做出客訴的呢？請思考客訴者背後的心情。

請不要以個人身分面對，而是要站在公司的立場。

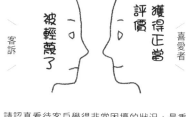

請認真看待客戶覺得非常困擾的狀況，最重要的是傳達你想為他做些什麼的心情。

希望大家能明白

為何會有客訴？了解背景、適當應對

・不想有所損失

由於拿到了有缺陷的商品或者遇到不好的服務，因此覺得自己受到損失，而覺得討厭的心情

↓

應該好好向對方謝罪，並提出送替代品過去等讓對方不會有所損失的方案

・希望商品或者希望服務能更好

為了改善商品或者服務而想陳述意見

↓

聆聽對方寶貴的意見，活用在今後的改善方面

・真的非常困擾

沒有收到商品、或者沒有獲得應有的服務而遇上了困難

↓

請確實道歉，並且提出替代方案或者解決方法

・心情不好

總之就是想抱怨

↓

請不要反駁，等聽完所有話以後，再冷靜且堅決地應對

謝罪的方法會改變關係性

在風雨中成長，在磨礪中堅強

絕對不要找藉口

請由衷表達內心誠意

人類無論是誰都會犯錯。但是之後的應對可以改變人際關係。如果能以誠實的態度做出該有的應對，那麼也可以加深與對方之間的互信關係。最重要的是，並不是選擇保身，而是應該要老實承認自己的失敗及過失然後向對方謝罪。不管有什麼理由，都絕對不能找藉口。說明事情內容的時候，最重要的是必須客觀告知。並且要再次表達道歉的話語，且告知對方改善方式以及今後的決心。這並不是要請對方原諒你，重點在於打從心底反省，並且誠實地將向對方道歉的心情傳達給對方。

從表達誠意開始

不管謝罪的心情有多強烈，如果沒辦法表現出來，就無法讓對方明白。請表現在服裝、遣詞用句以及態度上。

穿著打扮（24～29頁）

● 西裝的顏色
請選擇黑色或者深藍色的深色服裝。

● 領帶
不要選擇花俏色調或者印有花紋的，要挑簡單的款式。

● 公事包
皮革或者較穩固的帆布材質，可以自己站好的款式。請避免使用後背包或斜背包。

● 鞋子
請選擇黑色系的皮鞋且必須好好保養過。

● 髮型
要整理好。如果原本染成較為明亮的顏色，請重染成比較穩重的顏色。

伴手禮

請選擇比平常伴手禮還要高價一些的物品。也可以依據對方喜好來選擇高級和果子或者酒類。

要讓別人好好聽自己說話，首先要表現出誠意呢。

■ 務必先以電話約好時間

面對對方
挺直背脊深深敬禮（45度禮）。慎重選擇遣詞用句，要比平常講話還要來得緩和。

電話
為了表現出打從心底的誠意，直接見面道歉是最正統的做法。但是，一定要先以電話告知，請對方空下時間然後過去拜訪。絕對不可以沒有約好就前往拜訪進行謝罪。

NG

「那時應該要○○才對」雖然是想要反省，但會聽起來像找藉口。

希望大家能明白

謝罪的最高原則、流程

1. 敘述道歉的言詞
2. 體貼對方的情緒
3. 不要找藉口
4. 說明發生經過
5. 再次表達道歉的言詞
6. 告知應對方式

Q&A

這種時候該如何是好?!

真的非常害怕有人對我發怒……

對方會生氣，並不是為了攻擊你。請好好地面對自我，將這當成自我成長的機會。

我不明白對方在生什麼氣。

總之先好好聽對方怎麼說。然後觀察對方的樣子。說不定只是你沒有想到原因而已。請貼近對方的情感去思考。

有需要講成這樣嗎!? 結果我反而很生氣。

就算感到生氣，也請立刻吞回肚裡。因為對方也是傷得重到會說出那樣的話。

是對方弄錯了。

請先把所有話都聽完、接受對方的怒氣。不要一開始就點出對方弄錯。

雖然這並不是我犯下的錯誤

室內設計師・24歲

由於客戶在某間商店訂了一個與一般認知不符合的訂單，因此做出了一個超乎規格的東西。但是晚輩卻自以為貼心，把那個不符一般規格的地方改成一般的形狀。雖然慌慌張張前去修改，但客戶還是非常生氣。在說明情況之前總之先努力向對方謝罪。好不容易取得原諒，也因為並沒有把錯誤推給晚輩，因此客戶和晚輩都更加信任我。

雖然我反省了但是向同事抱怨之後對方卻知道了

服務業・26歲

那的確是我的錯誤。但是對方也有錯。為了要讓自己打起精神，所以我就和同事去喝酒抱怨了一下，結果那間店裡有對方公司的人……。好不容易才誠懇謝罪完，對方最後還是取消往來了。

客訴並不是要去「處理」
而是要「應對」

高崎悠人先生(假名) 25歲 男性

　　高崎先生就職於區公所的土木管理課。可能是因為這份工作與土地相關，因此和區民直接對話的時候，也經常會聽到許多抱怨。因此他前往參加應對客訴的研習班。

　　「所謂抱怨啊，聽的人和說的人都覺得很討厭不是嗎？所以我總覺得應該趕快把事情處理掉，每次都變得非常焦急。但越是想要快點讓事情落幕，就越是不順利……。」

　　來抱怨的區民有各式各樣的人，他們的背景也五花八門。因此如果思考模式是「處理」抱怨內容的話，那麼往往無法順利進行。抱怨並不是要去「處理」，而是要加以「應對」才是。高崎先生學習到，自己並不能光靠著正確與否去推動那件事情，重點是要好好傾聽他們的聲音才對。

　　「會來抱怨的區民，大家心中都潛藏著真希望有人能了解自己的心情，我想著這點去和他們接洽。首先讓他們說出所有想說的話，然後我再提出我的建議，同時請他們理解公家單位的狀況，結果大家都變得非常好講話。不僅如此，當那件事情發生了新的問題時，他們甚至願意與我一起找出解決的方法。我原本以為只是來抱怨的人，反而變成我非常仰賴的人。」

　　真誠面對彼此而產生互信關係。高崎先生似乎也能更加喜歡自己工作的地方了。

Chapter **3**

電話應對、繕寫文件、電子郵件

不管是否隸屬於某個組織，電話及電子郵件的往來是不可或缺的。
請依循慣例讓事務更加順暢執行。

正因為看不見表情
所以電話禮儀更加重要

即使電話或即時通訊已經變得非常普及，但商業上的交流往來基本上還是使用電話。這是因為可以一邊確認對方的想法及理解程度，一邊讓事情有所進展。正因為是看不見表情的溝通方法，因此禮節方面比面對面時更加重要。請使用有禮的言詞緩慢清晰地說話，沉穩地告知對方你的訴求。手邊請一定要準備好筆記用的紙筆。另外，企業當中所使用的商務用電話可能會有許多特殊的使用方法，必須要先確認使用方法。也有些接電話或撥電話的方是在公司內部有一定的規則，也請記得一併確認。

打電話的基本流程

以下整理的是如果對方在座位上並且有接起電話的基本流程。為了要讓電話另一端的人能夠聽得清楚，請以較慢的速度及清晰的聲音報上自己的名字。

① 拿起電話，按下對方的電話號碼
先整理好要說的內容

② ＜有人接了電話＞ 報上自己的姓名
我是○○公司的×××。平時多受貴公司照顧了。

③ 轉接要找的對象
麻煩幫我轉接△△部門的●先生／小姐。

④ ＜負責人接了電話＞ 再次報上姓名
我是○○公司的×××。平時受您照顧了。

⑤ 詢問是否方便
您現在方便講電話嗎？

⑥ 告知訴求
關於○○那件事情……

⑦ 向對方道謝
非常謝謝您。

⑧ 打電話的人要先掛斷
那就麻煩您了，再見。

⑨ 掛斷電話
不要喀一聲用力放下話筒，請用手指輕輕按下掛斷鍵切斷通話

原則上打電話過去的人要先掛斷電話唷。

打電話前的檢查清單

- ☐ 整理要告知的事項
  → 為了能好好傳達內容，請在打電話前先整理好要告知的事項。
- ☐ 考量時間帶
  → 避免太早或者太晚，又或者是中午休息時間，這樣比較沒有問題。
- ☐ 放在手邊的東西
  → 除了筆記用的紙筆以外，最好也先準備好月曆會比較方便。

打電話時的問候語範例

- 平時多受照顧了。
- 百忙之中打擾真是抱歉。
- 這麼晚還打擾您真是抱歉。
- 在您休息時打擾真是抱歉。

如果對方不在時的處理方式

如果你要說話的對象不在，那麼原則上是過一段時間再撥過去，但視事項或者對方的情況，也許可能選擇其他方法較好。

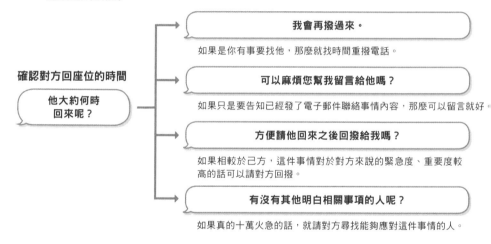

確認對方回座位的時間

他大約何時回來呢？

我會再撥過來。

如果是你有事要找他，那麼就找時間重撥電話。

可以麻煩您幫我留言給他嗎？

如果只是要告知已經發了電子郵件聯絡事情內容，那麼可以留言就好。

方便請他回來之後回撥給我嗎？

如果相較於己方，這件事情對對方來說的緊急度、重要度較高的話可以請對方回撥。

有沒有其他明白相關事項的人呢？

如果真的十萬火急的話，就請對方尋找能夠應對這件事情的人。

Q&A

這種時候該如何是好?!

如果被轉到語音留言系統怎麼辦？

如果對方因故無法接電話，那麼不管使用的是桌上電話還是手機，只要進入答錄留言或語音信箱，都務必要留言。這是因為有時若是有什麼事情，就沒辦法判斷緊急程度而無法確定要不要回撥電話。留言的時候除了公司名稱、自己的姓名以外，簡單說明聯絡內容，若是非常緊急就在留言的時候告知希望對方能夠回電，然後等待對方連絡。

接電話的基本流程

以下整理的是有電話撥進來時的基本流程。對於外來的電話是否要報上自己的名字，請遵守公司的規定。

① 電話響3聲以前要接起來

② 報上名字

這裡是○○公司。

③ ＜對方報上姓名＞

我是○○公司的○○。

④ 問候

總是受（貴公司）照顧了。

⑤ ＜對方請你轉接負責窗口＞

⑥ 若是負責窗口在

請先確認對方是否能接電話，才將電話轉接過去

還請您稍候一下。

⑦ 若是負責窗口不在

真是非常抱歉。他目前不在座位上。

遵從對方的指示（78頁）

⑧ 若是找自己

我就是。

聆聽對方的連絡內容

⑨ 掛電話

確認撥電話過來的人掛斷以後，再放下話筒

就算負責窗口本人就在你眼前，
也務必要確認對方是否方便接電話。

請留心回應所有電話
這可能會左右交易

公司的電話如果響起，請率先接起來。商務上的電話，接起來的時候不可以說「喂喂」，而應該說「謝謝您來電」等，請依據公司規則，以明亮有活力的聲音問候對方。

在電話往來或者對方拜託你留言的時候，必須複誦重要的語句，以期正確無誤地轉告內容。尤其是不可以弄錯對象的姓名。平常如果能先記得周遭的前輩在和哪些對象往來，那麼就可以減少錯誤。

不可以保留電話之後讓對方等待過久；接聽得不清不楚結果把電話轉來轉去也很糟糕。另外，請用非慣用手去拿起話筒，以便一邊寫筆記一邊聽對方說話。絕對不可以忘記對於撥電話過來的人來說，你就代表了這間公司，一定要留心回應對方。

接電話的基本姿勢

若是接電話時非常順暢，就能受到周圍的人以及顧客信賴，之後的工作也會較為順利。

• **響 3 聲以內接起來**

如果響了3聲以上才接，那麼就先說「讓您久等了」。

• **明亮且有活力**

把聲音含在嘴巴裡說話會很難聽懂。請挺直背脊爽朗說話。

• **一定要寫筆記**

這樣可以避免聽錯或漏聽要轉達的話。

• **應對時要親切溫和**

正因為對方看不見你的樣子，所以才要更加體貼。

• **話筒要用非慣用手拿起來**

這樣慣用手空下來才方便寫筆記。

• **對於沒有報上名來的對象請報上自己的名字並詢問對方**

採用「我是○○○。方便請教您貴姓大名嗎？」等等的說法。

• **務必要複誦**

再次確認有沒有弄錯。

• **如果聽得不是非常清楚**

告知「非常抱歉電話似乎有些雜音……」，請對方再說一次。絕對不可以使用「你太小聲了」等責備對方的用詞。

我以前不敢接電話……

行政人員・20 歲

我以前非常不敢接電話。但是前輩卻說「接一萬次就會習慣了啦」，雖然我聽到的時候，內心想著「這是開玩笑的吧!?」……。但是在我接了大概500通電話以後，真的就不再那麼討厭了。果然習慣一件事情是非常重要的。

Q&A

這種時候該如何是好 ?!

如果是自己無法應對的電話內容

請先將對方保留在線上之後，與周遭的人商量。如果要解決這件事情會需要花一點時間，那麼就和對方確認「真是非常抱歉。希望您能給我一些時間，稍後我再回撥給您方便嗎」，然後結束通話。重點在於不能讓對方等太久。

明顯不是公司業務的推銷電話撥進來

如果是找自己，請果斷告知「目前正在工作，非常抱歉。」然後掛斷電話。如果要找其他負責窗口，則明確以「無法回答」來拒絕。不過這時候語氣可以稍微和緩一點。

如果電話打來人不在

只要記得常用句及步驟
窗口不在也不會害怕應對電話

接到電話的時候，可能會遇到來電者要找的人不在的情況。又或者是其實他在座位上卻不方便接電話（76頁）。將他離席或者外出等情況告知來電者，由對方判斷下一步。

不管對方有沒有留言，都應該寫下曾有人來電找某個人的留言紙條。只要記得配合狀況的常用句、以及應對的步驟就沒有問題。請注意留言時必須正確轉達內容不可弄錯。

就算對方並未要求回電，保險起見還是要詢問一下對方的連絡方式。

無法接通時的應對方式

如果無法接通對方想要找的人，請視狀況以下列方式回答，並交給撥電話過來的人判斷下一步。請務必確認對方的連絡方式。

電話中

「實在非常抱歉。他目前正在講電話。要不要請他通話結束以後回撥給您？」

離席

「實在非常抱歉。他目前不在座位上。」

自己承接代理事宜

「如果是我知道的事情，也能由我來代為效勞，不知您意下如何？」

外出

「實在非常抱歉。他目前外出了，預計○點左右會回到公司。要不要請他回來以後回撥給您？」
「（如果不知道什麼時候才會回來）實在非常抱歉。由於不清楚他何時會回到公司，是否方便將您的需求告訴我呢？」

休假

「實在非常抱歉。○○今天休假。他明天會進公司，請問您的事情急不急呢？」

希望大家
能明白

**不要什麼事都老實
告訴對方**

如果對方想接通的窗口是因為去洗手間之類的理由而暫時離開座位的話，只要說「他目前不在座位上」就好了，不需要把理由告知對方。相同地，如果是外出而不在公司，並不需要告知他是身體不適、遲到還是去拜訪廠商客戶等等詳細內容。只要告知對方「他目前外出了」就好。即使是在開會，也不需要說明是在開會，就說不在座位上就好。

無法接通來電者與要找之人時的檢查清單

- [ ] 寫筆記
- [ ] 正確確認對方來電用意並複誦
- [ ] 一定要記得詢問對方的連絡方式（公司名稱、姓名、電話號碼）
- [ ] 不要擅自下判斷
- [ ] 留下留言紙條

何謂擅自下判斷？

請不要未先確認負責窗口是否方便，就告知來電者「等他回來我會請他回電」。

> 如果是「我會轉告他回電」就沒有問題。

留言紙條

要留言給不在座位上的負責人的留言書寫方式如下。

```
                 留言紙條

① 給 _____

② 來自 _____

③      月    日（    ）       ：_____

④ □來電
  □請回電
    TEL _____
  □他會再次來電
  □來電事項如下

⑤                                    留
```

①紙條留給誰

絕對不可以弄錯要轉告的對象，要好好確認。

②誰打來的電話

請複誦對方姓名好好確認。

③何時接的電話

簡單明白記下對方何時撥來的。

④來電意圖為何

這樣可以稍稍得知可能是什麼事情。

⑤誰接的電話

為了讓看的人得知是誰接的電話，請務必寫下自己的名字。

希望大家能明白

筆記的撰寫方式、傳達方式

接電話時寫的筆記就算寫得亂七八糟，只要自己能看懂就沒有問題，但是留言紙條請仔細寫好讓對方能夠讀懂。如果電話號碼寫錯了，那就沒辦法回撥；如果弄錯負責窗口的名字，那麼將會非常失禮。為了避免和其他文件或者便條紙混在一起，將留言紙條貼在PC螢幕的邊緣等容易看見的地方也非常重要。

除非真的必要

否則不要使用比較好

應該有很多人並不排斥使用一般手機或者智慧型手機吧。一般手機或者智慧型手機是非常方便的工具,能讓人無論身處何處,就算不在公司也都能夠連絡得上。但是,身為商務人士不能以和學生時代相同的感覺去使用手機。上班時間應設定為靜音模式,也請盡可能不要使用私人的電子郵件及社群軟體。

另外,如果在公司外面講電話談論工作的話題,也很可能會將資訊洩漏出去。就算公司有配給一般手機或者智慧型手機,還是建議回到公司後不管要打電話或者接電話,都要使用公司的電話比較好。當然也絕對禁止把公司的智慧型手機用於私人用途。

一般手機‧智慧型手機的注意事項

一般電話及智慧型手機雖然輕便,但使用上必須謹慎。除了資安方面的問題等,也要了解使用上的各種小陷阱。

‧必須徹底公私分明

絕對不可以使用公司配給的一般手機或智慧型手機打私人電話或者發簡訊。

‧確實管理個人資訊

最重要的是不能丟失或者遺忘。

‧手機殼是否適用於商業場合

和其他小東西一樣,請考量這是要用在商務中的東西來選擇款式。

‧電源管理

要是因為電力不足而無法使用,帶著也沒有意義。

 希望大家
能明白

簡單易懂的登錄名稱取名方式

為了要能馬上看出電話或者簡訊的來電通知對象,在登錄聯絡對象時請多下點工夫。如果能在姓名的「姓」欄位填上公司名稱和負責項目、「名」的部分則填上全名,那麼搜尋通訊錄的時候,相同公司的人就會排在一起,非常方便。另外,有時候你登錄的名字會顯示在對方的螢幕上,因此最好可以加上「○○先生/小姐」等敬稱會比較好。

離職之後應該要刪除與公司相關的聯絡對象嗎

好不容易建立起來的人際關係,其實並不需要在離職的時候刻意刪除。但是有些公司會規定必須刪除。請向上司或總務確認。

電話商業禮儀檢查清單

• **有人打來的時候**

☐ 是否正在方便通話的場所
　→如果是在交通工具上、餐廳裡等地方，以及禁止通話的地方絕對不可以通話。

☐ 是否有好好報上公司名稱、自己的姓名
　→一開始就要清楚告知對方正在通話的對象。

☐ 如果不能通話就之後回撥
　→移動到可以通話的環境之後再重新撥電話。

• **待命期間**

☐ 平常：電源ON但是靜音
　→工作中請設定為不會發出聲音。

☐ 商談中：電源OFF
　→正在談論重要事情時請關掉電源，集中精神在商談事宜。

• **打電話給別人**

☐ 訊號是否良好
　→盡可能不要發生講到一半斷掉或者聲音斷斷續續的情況。

☐ 是否能夠寫筆記
　→請以能夠好好寫筆記的狀態下沉穩撥號。

☐ 是否能夠集中在對話上
　→如果周遭非常吵鬧的話，也會讓電話另一頭的人感到困擾。

☐ 是否能維持保密性
　→為了不使對話內容洩漏出去，請好好選擇撥打電話的場所。

☐ 是否會造成周遭困擾
　→請避免在安靜的場所大聲講電話。

☐ 是否有設定成不顯示號碼
　→為了避免被當成騷擾電話，請將手機設定成會顯示電話號碼。

Q&A
這種時候該
如何是好 ?!

非常熟悉的交易對象緊急來電。負責窗口不在的話，是否能夠告訴來電者那位聯絡窗口的手機號碼？

如果是公司配給的一般手機或者智慧型手機號碼，那麼可以告訴對方沒有關係。但如果是窗口的私人手機號碼，從保護個人資訊觀點來看，不可以擅自告知公司的交易對象。請先詢問來電者的聯絡方式以後掛掉電話，並且告知負責窗口請他聯絡該公司。

私人及公司用的電話應該要分開嗎？

自由業
設計師・22 歲

要帶兩台電話會非常麻煩而且也很花錢，所以我原本只有用一台電話。但是後來為了要把工作使用的電話費用當成營業支出去申報，因此就劃分為私人用及工作用的兩台智慧型手機。但我後來聽說只要能夠確定公私使用比例的話，也可以只使用一台，所以打算之後去詢問稅務師詳細內容。

你的對話，周圍聽的一清二楚喔

業務・24 歲

有一次我在車站等電車的時候，有個駝背坐在長椅上的男性電話響了。周圍有非常多學生十分吵雜，還有過站不停的電車經過、噪音很大。而在這麼多的聲音當中，那位男性接起了電話並以洪鐘般的音量說起了關於投標的事情。由於周遭非常吵鬧，所以他的聲音也越來越大。當然周圍的人也全都聽得一清二楚。連預計投標的價格是九百萬日圓，大家也都聽見了呢。

確認商務電子郵件的基本使用準則

電子郵件是一種非常簡便的聯絡方式，也是在商務上非常重要的溝通方式。正因為現在任何人都可以使用，因此只要用心琢磨使用方式，就能夠提升工作效率。

但是，就和一般手機或者智慧型手機一樣，正因為在使用上非常方便，所以希望大家能夠對使用方式更加留心。自己使用的郵件環境，和你傳信對象的郵件環境並不一定相同，因此很可能會看不到你試圖表現的內容，必須要多加注意。

請一邊比較電子郵件以外的通訊工具，一邊確認商務中的基本使用準則。

電話、文件、電子郵件的使用區分

電話、文件及電子郵件各自有不同的特徵。請配合目的來使用。

 電話

使用場合
- 緊急的時候
- 需要討論的時候
  →雖然可以臨機應變進行對應，但是沒有寫筆記就不會留下任何資訊。

 電子郵件

使用場合
- 想要留下往來紀錄時
- 想要附加檔案的時候
- 將相同內容發送給多數人的時候
  →大致具即時性又非常方便，但需視情況而定，對方也可能會沒有收到。

 文件

使用場合
- 正式決議的時候
- 不急需回覆的問候等
  →雖然不具即時性，但優勢在於送出費用由寄件者支付，且收件者不需要使用特別的工具就可以接收。

聊天工具

使用場合
- 想要同時與多數人通訊
- 想要傳影像、資料或者影片時
- 想要確認對方是否已讀

電子郵件的優點
- 馬上送到且方便
- 資訊共享及加工簡單
- 手邊會有備份
- 可以傳給多個人
- 可以搜尋

電子郵件的缺點
- 安全性並不完美
- 不容易表現出情緒
- 會因為使用不同電腦或者手機導致版面跑掉

撰寫電子郵件的基本事項

商業上使用電子郵件有一定特徵。還請先謹記這些基本事項。

• 一封信一件事

為了之後回頭找資料比較
容易,不同的案子請另起
一封信。

• 最好是純文字模式

如果採用HTML模式的話,為了要正確顯
示,會同時寄出影像作為附件。如果有這種
附件就很容易被當成垃圾信件。

• 不要使用特定環境才有的文字

日文中的(日)、(株)等字樣很可能會因郵件
環境不同而變成亂碼。畢竟不可能所有人
全部都使用相同機種相同軟體。

• 不要使用顏文字或者圖畫文字

請留心不要使用不適合
商務場面的文字。

■ 換行的設定

以日文來說,一行大約30～35字左右換行會比較恰當。
最近有許多人會在外出的時候使用手機來閱讀電子郵件,
這種時候如果換行太頻繁又會不好閱讀,還請依據狀況判
別。

如果是寄到對方公司信
箱,那麼還是要換行比
較好呢。

■ 製作簽名檔

為了避免忘記寫上自己的聯絡方式、又或者是不小心寫
錯,先把自己的姓名和聯絡方式製作成簽名檔就很方便。

株式會社○○○
山本あさひ　（YAMAMOTO Asahi）
〒104-8011
東京都中央區築地5-3-2
TEL：03-0000-0000　FAX：03-0000-0000
E-Mail：yamamoto@XXXXX.co.jp
Web：http://www.XXXXXXX.co.jp/

換部門或者有變動的
時候要記得改喔。

傳電子郵件的基本事項

一起來確認商業場景中寄送電子郵件的基本注意事項吧。

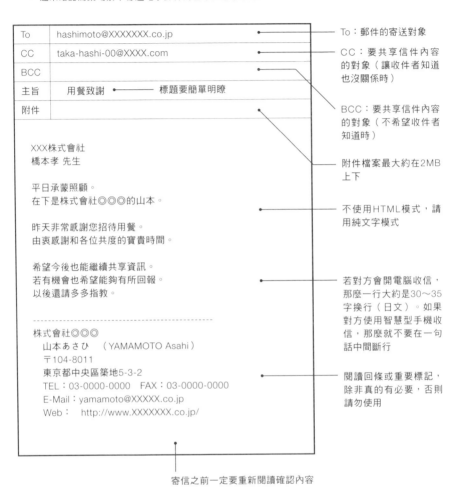

To	hashimoto@XXXXXXX.co.jp
CC	taka-hashi-00@XXXX.com
BCC	
主旨	用餐致謝 ← 標題要簡單明瞭
附件	

XXX株式會社
橋本孝 先生

平日承蒙照顧。
在下是株式會社◎◎的山本。

昨天非常感謝您招待用餐。
由衷感謝和各位共度的寶貴時間。

希望今後也能繼續共享資訊。
若有機會也希望能夠有所回報。
以後還請多多指教。

- -

株式會社◎◎
　山本あさひ　（YAMAMOTO Asahi）
　〒104-8011
　東京都中央區築地5-3-2
　TEL：03-0000-0000　FAX：03-0000-0000
　E-Mail：yamamoto@XXXXX.co.jp
　Web：　http://www.XXXXXXX.co.jp/

To：郵件的寄送對象

CC：要共享信件內容的對象（讓收件者知道也沒關係時）

BCC：要共享信件內容的對象（不希望收件者知道時）

附件檔案最大約在2MB上下

不使用HTML模式，請用純文字模式

若對方會開電腦收信，那麼一行大約是30～35字換行（日文）。如果對方使用智慧型手機收信，那麼就不要在一句話中間斷行

閱讀回條或重要標記，除非真的有必要，否則請勿使用

寄信之前一定要重新閱讀確認內容

 寄信前的檢查清單

☐ 有沒有錯漏字
☐ 姓名有沒有寫錯
☐ 郵件地址對嗎
☐ 有沒有少加附件

有時候會為了確認電話中說的內容，而再傳一次電子郵件唷。

希望大家
能明白

想要傳送檔案很大的檔案

不同的郵件供應商限制的夾帶上限也有所不同,最好把附件檔案控制在2MB內會比較保險。如果超過的話,可以使用iCloud、Dropbox、OneDrive等雲端服務,或者是其他檔案儲存服務。

這種時候要一起發信(BCC)

除非所有收信者都應該知道誰有收到這封信,或者是知道也無所謂,否則傳信給多位收信者時,請務必使用BCC。如果不小心使用To或者CC寄出,會造成個人資訊外流,還請多加小心。

回信基本守則

收到電子郵件要回信時,商務上也有一些不成文的規定。

主旨:關於會談時間

主旨:Re:關於會談時間

引用原文回信要引用到什麼程度,可以配合對方的作法就好。

• 盡可能及早回信

就算是非常忙碌,最好也在一大早、中午、傍晚,工作暫告段落的時間確認郵件。不要看完之後就不管它,請一定要在24小時之內回信。

• 基本上要引用原文

商務上的信件往來基本上要引用對方郵件原文進行回信,以此作為內容確認參考。另外如左圖所示,也不要變更主旨。

• 其他事務就用新的郵件

如果信件往返期間需要討論別件事,請另起主旨撰寫新的郵件。

Q&A

這種時候該
如何是好?!

 不小心傳錯了人。

 **寫到一半不小心
寄出去。**

 發現的時候要馬上連絡對方,向對方道歉並請對方刪除信件。為了不要傳錯人,請務必養成習慣,在寄出之前再次確認收件者。

以引用回信的方式引用自己寫到一半的信,再次傳送正確內容的信件。不要忘記加上道歉的語句。

 對方把我的名字寫錯了。應該告訴他嗎?

 如果很明顯是要給別人的信,那就應該告訴對方。如果不是的話,那麼就回信的時候再次報上自己的名字,不需要特別指出對方寫錯了。

擴散到全世界

你發出的文章，很可能會

社群軟體是目前的溝通工具當中不可忽視的存在。但是，毫無疑問的是，網路是對全世界開放的。就算只是個人想與朋友分享喜悅等情緒而發表的文章內容，也很可能在瞬間就傳遍全世界。如果使用方法錯誤，很可能招致意想不到的風波。說起來其實社群軟體和公眾場所是相同的。使用時如同置身於走廊或者電梯等公開場合，必須謹慎、抱持自覺與責任心。尤其是使用公司官方帳號者，要非常謹慎注意，千萬不可以失手當成個人帳號發出訊息導致「誤爆」。

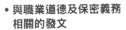 個人使用時的注意事項

即使是個人娛樂使用，遵守規則仍舊非常重要。還請注意以下事項。

• 是否在工作時間使用私人帳號

上班時間使用私人社群網站，就和講私人電話是一樣的。請不要在上班時間使用。

• 與職業道德及保密義務相關的發文

很可能只是小小的抱怨一下，卻會對業務造成重大損害。

• 公開個人資訊

如果公開本名使用社群軟體，很可能會捲入個人資訊外流的風波。

• 無視他人肖像權就貼出照片或影片

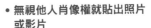

在上傳隨手拍攝的照片或者影片之前，請注意是否拍到了別人。

• 侵犯他人著作權的文章

除了圖畫、照片、文章以外，拍攝電視畫面再上傳也是違法的。

✕ 複製貼上

 希望大家能明白

帳號要公私分明

如果在工作當中有使用社群軟體的必要，那麼建議與個人帳號分開。如果要以個人帳號做為工作用途使用，那麼發生問題時就必須個人背負所有麻煩的責任。

將個人手機或智慧型手機作為工作用途使用

如果業務上會頻繁使用，但公司並沒有配給一般手機或智慧型手機，那麼請將使用的實際情況列成一個清單，向公司交涉建立公用手機或智慧型手機的制度。但是不可以單方面強硬要求，這並不能解決問題，還請掌握現況以後互相理解。

🧭 聊天工具的活用方式

由於聊天工具回應快且方便,能夠有效提升商務效率,因此引進的企業也越來越多。訣竅就是要習慣聊天的速度。

• 無論何時何地都可以開會或者進行商談

由於能夠讓多人進行即時討論,因此就不需要特地設置開會的場所。

• 可以根據不同企劃單位規劃不同群組,減低訊息缺漏及搜尋資訊的麻煩

只邀請同一個企劃相關的人參加該群組,這樣就能防止資訊過於錯綜複雜。搜尋的時候也比較輕鬆。

• 安全性高、可減低資訊外洩風險

可以限制某些成員有管理權限等。和電子郵件相比,更加不可公私不分。

■ 企業引進聊天工具狀況

全公司引進
12.1%

部分引進
16.0%

並未引進
71.8%

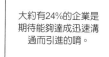
大約有24%的企業是期待能夠達成迅速溝通而引進的唷。

出處:「大型企業引進商務聊天工具實況調查」Itochu Techno-Solutions Corporation,2017年2月調查

■ 與電子郵件併用

當有「參加者還不習慣使用聊天工具」、「想要留下完整的文件或資料」等情況時,電子郵件非常有用。為了要活用即時性及保存性,和電子郵件一起使用的效果更好。

NG

- 正因為重視速度所以發言要言簡意賅
  → 「承蒙貴公司過往關照」等形式上的客套話就不需要了。請盡快進入主題簡單說明。
- 和私人使用時不同。不可以使用「(笑)」、「!」
  → 雖然是比較休閒風格的溝通方式,但只要明白這仍是商業場合中的溝通,就能明白最好還是不要使用多餘的記號和圖案文字等。
- 不要在非上班時間傳訊息
  → 對方很可能是使用個人的手機或者智慧型手機。就算沒有打開APP,來訊通知還是隨時都會傳送過去。請限制使用時間。

商業文件的規則

請依循格式
簡單明瞭地填寫

相較於電話或者電子郵件，手寫的信件來得更為正式。相同地，公司或組織在公司內外往來的文件，會被認為是正式的官方文件。商業文件正是與公司可信度如此息息相關的東西。

商業文件有各式各樣的種類及形式，各自用來作為簡潔且正確傳達事實的工具。當中的種類實在是非常多變化，但其實主幹的部分都是相同的，需要以正確的遣詞用句來記述這點也是共通的。在了解各種商業文件種類與特徵的同時，也請一併理解商業文件種類與特徵有哪些要點。

商業文件所扮演的角色

讓我們來確認被歸類為「商業文件」的文件具有什麼樣的意義。

• 留下紀錄

具備記錄曾經有過什麼樣的往來內容、最後得出何種結論，防止相關人員發生認知誤差的效果。

• 以組織身分表達官方意見

寫成文件的同時就具備官方物品的價值。這和私人信件不同，會伴隨著組織的責任。

• 因為有固定格式，所以容易製作、也容易傳達訊息

由於有固定格式及規則，因此傳遞訊息時不會有過或不及的狀況。

• 正確傳達訊息

可以防止說錯或者聽錯，能夠將訊息正確無誤地傳給第三人。

■ 商業文件的種類

對外文件	內部文件
邀請函、通知書、確認單、委託書、拒絕通知、約定書、道歉函、訂單、報價單、請款單、訂貨單、契約書等	報告書、會議紀錄、通知單、聯絡單、申請單、請示單、悔過書、事件說明報告、去留請示書等

何謂好的商業文件

以下整理出無論何種商業文件都共通的「優良文件條件」。

正確的遣詞用句

文句結構容易閱讀

目的明確

符合閱讀對象

一文件一案件

製作簡單易懂文件用的檢查清單

☐ 使用格式
→不同公司可能會有各自的文件固定格式。請以該格式為標準製作文件。

☐ 是否正確放入6W3H
→必須讓事實具體且客觀地簡明易瞭。

☐ 是否整理得非常簡潔
→商業文件必須要過目一眼便能明白內容。

☐ 是否客觀
→不添加私人情緒,只能記載事實。

☐ 是否有說服力
→請以事實作為佐證。

☐ 是否正確使用敬語
→如果用詞遣詞錯誤,便會有損可信度。

☐ 是否讓人容易閱讀
→每句話要盡可能簡短。請盡力避免使用業界術語或者專業用語。

☐ 是否具備記錄性
→請不要忘記日期、發訊者及負責人(若與發訊者相異)的姓名。

 希望大家能明白

基本上要橫寫

除了問候信及邀請函等部分對外文件以外,商業文件基本上是橫寫。

不要寫漢字數字而應該寫阿拉伯數字

由於一般會使用橫寫,因此數字不要使用漢字數字,而應該使用阿拉伯數字。舉例來說「五百三十二」要寫「532」;一萬以上就使用「萬」的單位詞,寫成「2萬4,900」一樣使用千分撇切開,使數字較易閱讀。※

※譯註:此處數字寫法為日文中的用法。中文在商業文書中雖會使用阿拉伯數字表記,但不會將「萬」等單位與阿拉伯數字混用。另外,較正式的情況(尤其提到金錢)會全部使用大寫數字「零、壹、貳、參、肆、伍、陸、柒、捌、玖、拾、佰、仟、萬」來表記。

用了前輩的文件格式,一個失手……

業務‧28歲

因為覺得商務文件使用固定格式很簡單,所以就直接用了前輩的文件格式,結果一失手就忘了把發訊者的名字改寫成自己。這樣無法正確記錄製作者,太失敗了。之後我就發誓交出去之前一定要重新閱讀確認內容。

內部文件的目的是資訊共享及業務圓融化

內部文件包含對上司的報告或召開會議等，發布的目的是為了使公司內部的業務圓融進行。由於會過目此類文件的只有公司內部的人，因此不需要使用過多的尊敬表現、或者季節問候用語等慣用句。但仍要留心在遣詞用句上要客氣。

業務上的文件當中，敬語也只要最簡單的程度即可。

內部文件基本八要點

請一邊看著左邊的範例，確認內部文件應該要有哪些要點。

①訊息上的年月日是否有統一為西元或年號紀年

如果西元年分和年號紀年混用的話會招致混亂。公司內部要統一單一用法。

③明確記載發文者的部門、姓名

使該份文件的責任明確。

⑤不需要問候語等開頭

最好可以盡量簡潔。

⑦遣詞用句要客氣

不可以因為文件是公司內部共享就言語粗魯。

②收件人要正確

請務必寫清楚這份文件是要給誰的。

④主旨必須具體

請寫得讓人一眼就能明白用意。

⑥不管是外觀還是內容都要簡明易瞭

為了要讓內容可以簡單清晰表達意思，外觀的整潔也非常重要。

⑧原則上要整合成一張

除了簡單明瞭以外，文件本身容易處理也很重要。請將內容整理得簡潔些。

■ 報告範例

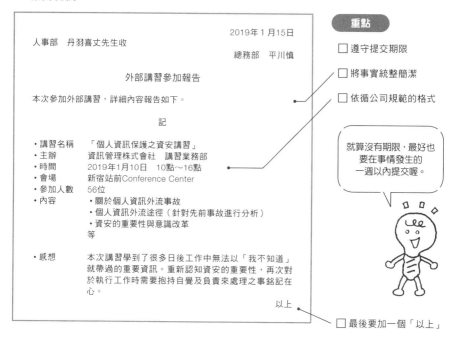

2019年1月15日

人事部　丹羽喜丈先生收

總務部　平川慎

外部講習參加報告

本次參加外部講習，詳細內容報告如下。

記

- 講習名稱　「個人資訊保護之資安講習」
- 主辦　　　資訊管理株式會社　講習業務部
- 時間　　　2019年1月10日　10點～16點
- 會場　　　新宿站前Conference Center
- 參加人數　56位
- 內容　　　・關於個人資訊外流事故
　　　　　　・個人資訊外流途徑（針對先前事故進行分析）
　　　　　　・資安的重要性與意識改革
　　　　　　等
- 感想　　　本次講習學到了很多日後工作中無法以「我不知道」
　　　　　　就帶過的重要資訊。重新認知資安的重要性，再次對
　　　　　　於執行工作時需要抱持自覺及負責來處理之事銘記在
　　　　　　心。

以上

重點

- ☐ 遵守提交期限
- ☐ 將事實統整簡潔
- ☐ 依循公司規範的格式

就算沒有期限，最好也
要在事情發生的
一週以內提交喔。

- ☐ 最後要加一個「以上」

■ 會議記錄範例

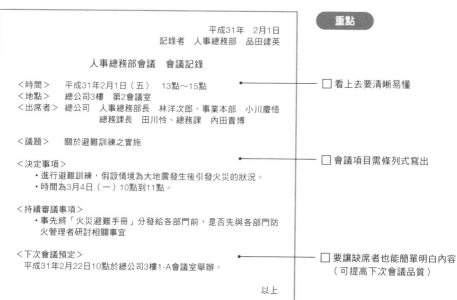

平成31年　2月1日

記錄者　人事總務部　品田建英

人事總務部會議　會議記錄

＜時間＞　　平成31年2月1日（五）　13點～15點
＜地點＞　　總公司3樓　第2會議室
＜出席者＞　總公司　人事總務部長　林洋次郎、事業本部　小川慶悟
　　　　　　總務課長　田川怜、總務課　內田貴博

＜議題＞　　關於避難訓練之實施

＜決定事項＞
　　　・進行避難訓練，假設情景為大地震發生後引發火災的狀況。
　　　・時間為3月4日（一）10點到11點。

＜持續審議事項＞
　　　・事先將「火災避難手冊」分發給各部門前，是否先與各部門防
　　　　火管理者研討相關事宜

＜下次會議預定＞
　　　平成31年2月22日10點於總公司3樓1-A會議室舉辦。

以上

重點

- ☐ 看上去要清晰易懂

- ☐ 會議項目需條列式寫出

- ☐ 要讓缺席者也能簡單明白內容
（可提高下次會議品質）

與內部文件的不同之處在於更加客氣的遣詞用句

對外文件區分為問候函或謝函等禮節上的文件，以及業務方面的訂單、督促單、通知書等兩大類。

不管是哪一種，都是官方性質的文件，因此必須使用許多慣用的語句，因此整理得簡明易懂，站在閱讀者立場來製作文件。

一定要注意這需要比內部文件更加謹慎，使用更正確的敬語。

■ 邀請函範例

重點

2019年1月5日

株式會社東西
董事總經理　大森豪先生

株式會社中央
董事總經理　永井諒也

□ 不要省略敬稱

要將對外文件傳給交易對象時，除了這篇文章以外，要記得附加寫了送出文件的「通知函」喔。

新年名片交換會邀請

　謹啟　初春時分諸位健壯如昔實感欣喜。平日多受諸位照顧感激不盡。

　新年度將近，依慣例舉辦新年名片交換會，詳細如下。繁忙之中多有打擾，但望諸位能排除萬難出席。

敬上

記

　　時間：2019年1月18日（五）
　　　　　13：30～17：00
　　場地：東京都港區三田5-10-3
　　　　　本公司3樓大會議室
　　請著便服

□ 日期和場地要分開寫明

為了會場事前準備，請於1月15日前聯絡株式會社中央本社外務部長　中村宅哉（電話　03-9876-5432）告知出席與否，請多多指教。

□ 詢問窗口也要明確記載

以上

■ 報價單範例

重點

2019年2月1日

報價單

株式會社長谷川組收

主旨：Graph House建設工程

□ 必須明確記載是誰給誰的什麼東西的報價

　關於本案件於2019年1月31日，與貴公司會面時報價內容如下。

記

1. 工程案件：Graph House建設工程
2. 報價金額：199萬9000日圓（含消費稅）
3. 報價明細：詳見附件明細
4. 工程結束日期：2019年5月1日
5. 交屋條件：工程結束後1週內檢查確認後交屋
6. 付款條件：交屋後1個月以內
7. 報價有效期限：2019年2月28日
8. 本公司窗口：
　小平建設株式會社　營業課
　電話：03-0987-6543
　負責人：宮崎愛斗

以上

□ 確認金額、交期等數字

□ 確認是否有缺漏項目

　如果是用電子郵件傳報價單，大部分會把「記」以上的內容寫在郵件本文當中，然後把「記」以下的內容做成PDF附件在信中

譯註：本章節的書寫方式為日本文化的表現。中文及台灣書寫方式請參考中華郵政網頁信封書寫範例（https://www.post.gov.tw/post/internet/Postal/index.jsp?ID=21001）

與交易對象更加親密
懷抱感謝書寫

明信片通常會用來作為賀年卡或者暑期問候卡等季節性問候函；同時也是在商業活動當中能夠用來表現一點小心意的工具。由於也可以在設計方面多加用心，因此也可以用來作為邀請函或者喬遷通知。重點在於內容會完全外露，因此請不要記載個人資訊。

信封則是在日常當中，寄送請款單或者契約書等各種文件時都會使用的東西。如果想知道對方是否會出席，也可以使用回※1函明信片。無論是書寫何者，為了使信件確實抵達，都必須正確寫上收件地址、姓名及郵遞區號，也一定要寫寄件人※2的地址及姓名。

※1：台灣的中華郵政並未販售此種規格的明信片
※2：國際規格上明信片若不需要對方回信，可不寫

明信片及信封基本事項

在日本國內，只要數十～數百日圓就能寄到全國各地。為了避免送錯地方，請務必正確填寫地址姓名。

正面

① 1030011
東京都中央區日本橋○-○-○
BBB大樓3樓
株式會社 大空機器
總務部
部長 鈴木惠理子小姐
③ ②

① 1030011
東京都中央區日本橋○-○-○
BBB大樓3樓
株式會社 大空機器
總務部
部長 鈴木惠理子小姐
埼玉縣埼玉市◎◎ ▷-▷-▷
山山株式會社 總務部
田中信二
③ ②

背面

④
埼玉縣埼玉市◎◎ ▷-▷-▷
山山株式會社 總務部
田中信二

①貼郵票（郵局的明信片已經印刷了郵資，因此不需要貼）。另外也可以在郵局支付郵資蓋上已付款的章。
②不要省略地址。要寫得比收件人姓名小一些。
③不要把株式會社省略寫成（株）。部門、職稱也要寫上。收件人姓名寫得比公司名稱、部門名稱、職稱稍大一些會比較平衡。
④也要寫寄件人的地址姓名。

■ 賀年卡範例

使用滿懷心意的賀年卡來表達感謝與體貼。

謹賀新年

過往一年非常感謝您的惠顧。
今年也請多多給予指導指教。

二○×年元旦

在這裡手寫幾句話

埼玉縣埼玉市○○ △-△-△
3 3△-△△△△
山山株式會社 總務部
田中信二

重點

- 雖然有很多人會使用賀年卡順便報告近況，但原先的使用方式應該是祈求對方的健康及生意興旺。請務必添上祝福對方幸福的話語之後，再輕鬆帶過自己的近況。必須注意絕對不能只寫自己的事情。
- 英文一般會寫「HAPPY NEW YEAR」（這個情況下若寫「A HAPPY NEW YEAR」是錯誤的）。
- 有些賀年卡本來就會印好祝福話語，但最好能夠手寫加上一兩句話。

■ 回函明信片範例

如果希望對方一定要回信，這種明信片能夠讓對方無須煩惱郵資，是非常方便的明信片。
要注意收件人姓名等書寫位置不可以弄錯。

對方收件面　　會回送給自己的文章面

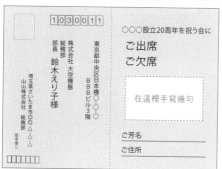

103 0011

株式会社 大空機器
総務部
部長 鈴木えり子様

東京都中央区日本橋○○
BBBビル3階

埼玉県さいたま市○○ △-△-△
山山株式会社 総務部
田中信二

○○○設立20周年を祝う会に

ご出席
ご欠席

在這裡手寫幾句

ご芳名
ご住所

自己的收件面　　會留在對方手上的文章面

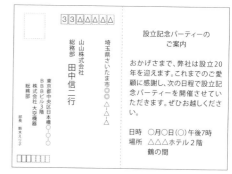

33△△△△△

山山株式会社
総務部
田中信二 行

埼玉県さいたま市○○ △-△-△

東京都中央区日本橋○○
BBBビル3階
株式会社 大空機器
総務部
部長 鈴木えり子

設立記念パーティーの
ご案内

おかげさまで、弊社は設立20年を迎えます。これまでのご愛顧に感謝し、次の日程で設立記念パーティーを開催させていただきます。ぜひお越しください。

日時　○月○日(○)午後7時
場所　△△△ホテル2階
　　　鶴の間

重點　　（譯註：此處針對日本國內使用方式）

- □ 寫給自己的收件姓名下不可接「樣」要接「行」
- □ 回信的時候，沿著摺線剪開之後回覆
- □ 回信的時候，要把對方姓名下的「行」畫雙線刪除，並且重新寫上「樣」
- □ 將回信面上「ご芳名」、「ご住所」等字樣的「ご」都畫雙線刪除

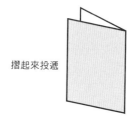

摺起來投遞

藉此提升業務效率
記錄每天的活動

在62頁當中也有提到，報告、聯絡、商量對商務人士來說是基本中的基本守則。日報、週報以及月報，對於必須經常掌握部門整體情況的上司來說是必要的文件，除此之外，這對於你自己來說，由於做了種種記錄，因此在回顧業務狀況的同時，也會是一個找出改善點的重要機會。

最重要的就是內容必須整理得簡單易讀。為了要使忙碌的上司容易掌握現況，必須使用簡單明瞭的遣詞用句並且寫得清楚易懂。只要養成習慣，留好下班前10分鐘填寫日報的時間，也可以在那段時間做一整天的反省等，順便排好第二天的工作內容順序，可說是一石二鳥。

✐ 寫日報的優點

以文字留下每天的記錄，除了日後能夠客觀回顧以外，若是將來需要將自己的工作交接給其他人的話，也可以使用。

| 使1整天的業務目的更加明確 | 確認工作是否有依照計畫進行 | 可以作為備忘錄 | 能讓第二天的工作更加明確 |

■ 日報也要留心6W3H

電子郵件範例

To	○○課長、○○部長
主旨	<日報>7月15日

本日業務內容

9:30～10:00　確認電子郵件
10:00～12:00　業務部1課會議
13:00～14:00　陪同長澤係長與岡山分社戶田分社長商談
14:00～15:30　搜尋其他公司新款商品
15:30～16:30　訪客會面（名古屋總本舖　米本先生）
16:30～17:30　業務工具庫存確認

明日業務預定

上午：出席個人資訊保護規定修訂說明會
15:00～16:00　與町田公司　山田先生商談

・戶田分社長報告：上個月發售的新商品有82件詢問
・其他公司類似商品的價格便宜大約兩成
・業務工具庫存中有部分缺損，為了補充庫存已下訂單
・上午的會議當中，大家都十分踴躍發表意見，和其他部門有更強的連結

以上

業務第1課
川邊弘美

重點

・注意要使用條列式
・寫出具體數量
　×有許多迴響
　○有82件詢問
・發現什麼事情都寫上（可能日後會有關聯）
・有無法照前一天預定完成的事情，必須寫上理由及解決方案
・寫出不順利的事情及其理由

■ 業務負責人員日報範例

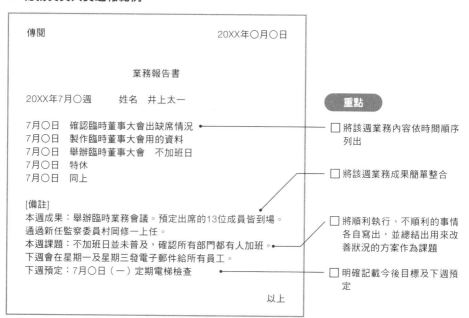

傳閱　　　　　　　　　　20XX年〇月〇日

業務報告書

20XX年7月15日　　姓名　川邊弘美

　9:30～10:00　檢查電子郵件
10:00～12:00　業務部1課會議
13:00～14:00　陪同長澤係長與岡山分社戶田分社長商談
14:00～15:30　搜尋其他公司新款商品
15:30～16:30　訪客會面（名古屋總本舖　米本先生）
16:30～17:30　業務工具庫存確認

・戶田分社長報告：上個月發售的新商品有82件詢問
・其他公司類似商品的價格便宜大約兩成
・業務工具庫存中有部分缺損，為了補充庫存已下訂單
・上午的會議當中，大家都十分踴躍發表意見，和其他部門有更強的連結
・下週前會整理出詢問資訊的內容，整合商品受到矚目的特點

以上

重點

☐ 記錄實際會面的客人姓名

☐ 搜集到其他公司的資訊要簡潔共享

☐ 記錄今後活動將於何時執行的目標日期

■ 總務負責人員週報範例

傳閱　　　　　　　　　　20XX年〇月〇日

業務報告書

20XX年7月〇週　　姓名　井上太一

7月〇日　確認臨時董事大會出缺席情況
7月〇日　製作臨時董事大會用的資料
7月〇日　舉辦臨時董事大會　不加班日
7月〇日　特休
7月〇日　同上

[備註]
本週成果：舉辦臨時業務會議。預定出席的13位成員皆到場。
通過新任監察委員村岡修一上任。
本週課題：不加班日並未普及，確認所有部門都有人加班。
下週會在星期一及星期三發電子郵件給所有員工。
下週預定：7月〇日（一）定期電梯檢查

以上

重點

☐ 將該週業務內容依時間順序列出

☐ 將該週業務成果簡單整合

☐ 將順利執行、不順利的事情各自寫出，並總結出用來改善狀況的方案作為課題

☐ 明確記載今後目標及下週預定

正因為是商業關係
所以表達心意更加重要

　謝函正如同字面上的含意，是為了要表達自己感謝的心情而遞送的東西。收到他人送的賀禮或上門拜訪帶來的禮品，又或者是得到交易對象的聯繫窗口特地空出時間給自己時，可寄封謝函表示感謝之情。

　遞送謝函的時間，最晚也要在一星期內送到。萬一有什麼特別因素導致晚送出，最好能夠加上「原本應該更早些向您道謝，拖這麼遲真是萬分抱歉」等簡單道歉的話。

　另外問候語也應當配合季節及天候，除了感謝之心以外也能表現出季節感。

只能寫直式的嗎？

並不至於說沒用直式就NG，但是直行會看起來比較正式。

可以不用親筆寫嗎？

比起用印刷的文字來說，用心親筆書寫會比較有個人的味道。

可以用電子郵件嗎？

感謝的意思雖然能夠用電子郵件表達，但是郵寄手寫的文書，更能讓人感覺到你的心意。

■ **謝函範例**　（註：此文包含日文的信件特殊用法及排版，僅供參考）

⑦ ⑤ ③ ①

① 敬啟　時下嚴寒，恭賀貴公司事業蒸蒸日上。

③ 平日多蒙惠顧，萬分感恩。
平日即承蒙貴公司多有照顧，日前又獲贈精心挑選之年節禮品，誠惶誠恐不勝感激。
望明年仍能獲得貴公司多多賜教。
在此謹以書面先行道謝。

敬上 ④

⑤ 平成三十年十二月十日

株式會社FIRST BREAK

久保亨介 ⑥

⑦ 致矢島謙佑先生

重點

①開頭語
　日文一般使用「拝啓」。中文則使用敬啟。

②季節問候語
　請選擇符合該季節的用語。

③本文
　請率直表達感謝的心情。

④結語
　請選擇配合開頭語的詞。

⑤日期
　務必要寫上日期。

⑥自己的姓名
　日文信件格式中自己的姓名要寫在下方。

⑦收件者
　日文信件格式中收件人的姓名要寫在上方。

只要習慣規格就很簡單囉。

不可以找藉口、要誠心誠意
表達出謝罪的心情

即便並非有意卻仍是給對方添了麻煩、造成對方損失或損耗，又或者是有不周到之處時，將道歉的話語寫在信裡呈交對方，這便是所謂的道歉函。

在商務場合上經常會發生「雖然沒有惡意」也無法輕易解決的事情。請不要找任何藉口，表達你誠心誠意的謝罪心意吧。可以的話，在寫道歉函之前，用電話也可以，先說一句抱歉，並且直接告知改善的方法。之後再寫一封正式的道歉函，如果對方空出了時間，那麼就直接過去向對方道歉。雖然這樣不一定能夠贏回對方信賴，但最重要的還是表達你的誠意。

道歉函的基本四要點

如果因為覺得很尷尬，就躊躇著延遲道歉，那麼就會更難表達誠意。請遵循基本概念並注意不能失禮，留心盡早對應。

- **馬上遞送**

  要表達誠意，最重要的就是率直的謝罪以及立即尋求對策。

- **先道歉再說**

  為了不要讓對方認為你想逃避責任，請先表達謝罪的話語。

- **不要找藉口**

  如果一直提藉口，會無法展現誠意。

- **寫出解決方案**

  告知今後的對策，以及下定決心改善的覺悟。

Q&A
這種時候該
如何是好 ?!

**不知道該怎麼區分何時一定要
寄送道歉函。**

道歉函只不過是表達謝罪誠意的一種表現方式。首先以電話致歉、然後寫道歉函、再請對方空出時間直接過去道歉……等等，要留心使用各式各樣的方法來展現自己的誠意。請不要以為只要用道歉函就可以解決事情。

■ **道歉函範例** （註：此文包含日文的信件特殊用法及排版，僅供參考）

2019年1月15日 ①

② 株式會社夢之島
總務部　部長　波多野陸 先生

株式會社西之丘 ③
廣末一謙

④　關於交貨品項錯誤之道歉

⑤　謹啟　恭賀貴司事業蒸蒸日上。　——⑥——

關於1月10日已發送之商品，乃為敝公司員工處理失誤而錯發至貴公司。給貴公司造成偌大不便及麻煩，實感萬分抱歉。

本次錯誤係由於敝公司資料庫在承接訂單時輸入錯誤所致。現已落實嚴格要求，避免再次發生此類狀況。還請貴公司多多包容。

⑦

另外，關於誤送至貴公司的商品，實在非常抱歉，要麻煩您以運費到付的方式將貨品送回敝公司。
在此謹先以書面道歉。

敬上 ⑧

①提交日期
②收件人
③寄件人
④主旨
⑤開頭語
⑥季節問候
⑦本文
⑧結語

> 道歉函當中如果有錯誤事實或者錯估、錯漏字的話，很可能事情會變得無法收拾，因此務必要請上司過目。

以最誠摯有禮的話語表現出真摯的誠意

不管多麼謹慎細心、盡可能將事情做到最好，有時候還是會發生錯誤或者不周到的地方。這種時候就必須向公司內部或者外部提交「悔過書」或者「事件說明報告」。以真誠的態度接受已經發生的事情，反省之後表現出道歉的心情，並且寫下將如何盡力防止再次發生。就算有可能問題不是出在自己身上，還是應該老實地為了認錯謝罪，以最周到有禮的遣詞用句來表達自己的誠意。但是，不可以自己擅自下判斷。首先，不管發生了什麼事情都應該向上司報告、商量，遵從上司指示來撰寫這類文件，盡全力解決這件事情。

悔過書、事件說明報告的基本要點

每個人都很難保證自己不會有哪天需要寫悔過書及事件說明報告。撰寫的時候要留心以下事項。

- **客觀陳述事實**
  簡潔說明「何時」、「何處」、「何事」、「為何」發生。

- **要明確表達謝罪、反省的話語**
  不要找藉口逃避責任，要明確地謝罪。

- **正確使用敬語**
  如果遣詞用句錯誤的話，是無法表現出誠意的。

- **防止再次發生**
  表現出今後的決心以及應對方案。

■ 悔過書及事件說明報告的差異

- 悔過書是向公司提交的反省文章。要表現出反省及道歉的心情，同時展現防止再次發生的決心。

- 事件說明報告是傳達正確事實的報告書。客觀記載問題發生的經過以及原因、背景等，並且提出對策方案。

102

■ 交貨後發現商品有不良情況的事件說明報告

2019年4月24日 ①

② 致商品管理部長

商品管理部管理課　鈴木彰洋 ③

事件說明報告

④ 　2019年4月22日，株式會社ALL OUT下訂後出貨的商品「彈性護脛」，於出貨後發現商品缺失。
以下提出事件說明暨報告，實在深感抱歉。

記

⑤ 【原因】
　商品製造之時已有先挑出缺失商品，但由於檢查員的失誤，使得挑出來的缺失商品有部分混入一般商品。

【處理】
　預定於4月25日帶著新商品前往客戶處，換回有缺失的商品。

【今後對策】
　重新審視檢查步驟，再次整頓規則並針對所有人進行研習會，致力於不要再發生檢查員導致的失誤。

以上

①日期
②收件人
③寄件人
④概要
⑤本文
簡潔說明「何時」、「何處」、「何事」、「為何」發生。

如果是人為過失就要加上謝罪的話語。

關於事發原因、處理方式、今後對策要簡潔且具體。

希望大家能明白

提交的方法

悔過書及事件說明報告基本上要盡快提交，但是規格及提交方法會因公司而異。如果發生錯誤或者問題的話，請先向上司報告與商量。然後遵從上司指示來撰寫悔過書及事件說明報告。

藉由寫下內容讓自己重新客觀審視事情經過

業務‧34歲

當我必須為了一件各式各樣因素疊加在一起造成的事情寫事件說明報告的時候，曾經想著「為什麼是我寫？」但在我一邊接受指導一邊寫的時候，就非常清楚地弄懂自己應該怎麼做才能防範於未然。

雖然有很多艱澀的用詞
但還請務必逐項過目

在商業上會有許多需要約定或者決定的事項。除了與交易對象之間的往來以外，日常生活當中也有各式各樣的契約，諸如員工與公司之間的雇用關係契約、不動產之間的租賃及買賣契約。當中有一些也許是用口頭約定就可以，不過一旦發生問題，解決問題的方針就是契約書。

在商業場面上為了避免問題、使工作順利執行，必須要以書面的形式將契約內容明確化。乍看之下也許會覺得很艱澀困難，但是自己負責的案件相關契約書，還請一定要過目。

契約書基本事項

契約書幾乎基本上都會依循一定規格製成。還請確認基本內容。

契約書範例

① 標題
② 前文
③ 內容
　明確記載是誰和誰簽約、同意的內容為何、契約期間自何時至何時、誰會有什麼樣的權利及義務等。
④ 日期
⑤ 雙方地址、姓名、印章

---

① 業務委託契約書

② 株式會社◎◎（以下稱甲方）與株式會社△△（以下乙方）針對甲方主辦之「＊＊＊」（以下稱本案件）之製作業務之委託內容簽訂契約如下。

③ 第一條（責任範圍）

第二條（契約金・委託費用）

第三條（智慧財產權之歸屬及使用）

第四條（計畫與交期）

第五條（付款方法與期限）

第六條（保密義務）

第七條（瑕疵及損害賠償）

第八條（契約解除等）

④ 20ＸＸ年〇月〇日

（甲）地址
　　　株式會社◎◎
　　　董事代表 ＝＝＝＝ ●

⑤ （乙）地址
　　　株式會社△△
　　　董事代表 ＝＝＝＝ ●

■ 締結契約的流程（與業務委託相關之契約範例）

◀ ·········· 雙方討論關於業務內容及條件等 ·········· ▶
◀ ·············· 發行一式兩份契約 ·············· ▶
◀ ······· 雙方都簽名蓋章並各自保管一份契約 ······· ▶

受託者　　　　　　　　　　　　　　　　　　　委託者

希望大家
能明白

契約書的
保管方法

由於契約是在政府監察的時候是很容易被要求閱覽的文件，因此歸檔的時候請讓類別能夠簡單易懂。契約時間結束了以後也要保管10年。如果調動部門也要記得交接。

何謂印花稅票？

根據契約內容，有些必須要由文件製作者貼上印花稅票。所謂印花稅票是指政府為了徵收租費、手續費等行政費用而發行的票券，代表該份契約書已經支付稅金的證據。需要貼的印花稅票金額會因契約書金額而異。

Q&A

這種時候該
如何是好?!

如果外國人沒有印鑑，可以簽名就好嗎？

法律上並沒有問題。在商業契約書方面，署名和簽名都被認定為有效的契約。海外尤其是在歐美各國，契約書上也是長年來習慣使用簽名而非印鑑。但是，契約書畢竟是雙方同意之下簽訂，因此是否可以只用簽名的，重點還是在於是否雙方都同意。

即使沒有契約書，有電子郵件一樣可以成立契約？

不管是電子郵件或者是口頭約定，只要是雙方同意，就視作契約成立。但是，口頭約定的情況下，若之後發生問題會沒有證據。可以將口頭約定之事寫成電子郵件，而對方回信表示「同意」的話就能夠更加安心。

關於公司內部機密文件

造成的損失無限大
機密文件必須小心處理！

業務上的資訊都必須更加謹慎處理。若是資訊洩漏出去，很可能會對公司或者交易對象造成重大損害，甚至可能觸犯法律。就算是因為丟失、遺忘或者操作錯誤等造成資訊外洩，一樣無法逃避責任。

日本網路安全協會每年都會以新聞媒體等報導的資訊，整合出關於資訊外流的事故、事件等數據，2017年因為操作失誤造成資訊外洩的案件量就約佔整體4分之1；平均1件資訊外流造成的損害金額已高升至5億4850萬日圓。這不是一句不小心就可以解決的事情。還請務必慎重再慎重。

機密程度

雖然都叫做機密，但是機密程度仍有各式各樣的層級。

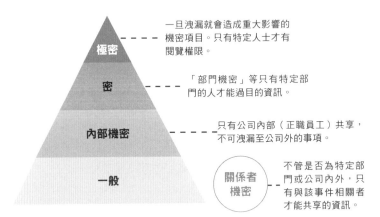

極密 —— 一旦洩漏就會造成重大影響的機密項目。只有特定人士才有閱覽權限。

密 —— 「部門機密」等只有特定部門的人才能過目的資訊。

內部機密 —— 只有公司內部（正職員工）共享，不可洩漏至公司外的事項。

一般

關係者機密 —— 不管是否為特定部門或公司內外，只有與該事件相關者才能共享的資訊。

■ 基本上公司內部資訊全部都是內部機密

就算沒有特別指定是內部機密，只要是在公司內得知的資訊，請全部當成是內部機密。

也就是說，不管在公司聽說了什麼事情，都不可以隨意在公司外說出口。

✒ 留心因應資訊保密

萬一真的因為資訊外洩造成損失，是無法單靠一句「我不是有意洩漏的」就能夠解決的。還請注意這類情況下非常容易洩漏資訊。

請不要在公眾場合談論工作的事情

傳錯電子郵件或者誤發到社群網站等造成資訊外流的危險性很高

不小心遺忘、遺落智慧型手機或文件的後果非常糟糕。請不要把工作帶回家

只是和親近的人隨口說說，也很可能會意外廣傳出去

Q&A

這種時候該如何是好?!

什麼叫公司內部機密？

右邊頁面有「部門機密」之類的就屬於公司內機密。一般來說沒有明確的定義，不過可以想成即使在同一個公司內，也只有相關人員才能共享此資訊。

在公司外影印結果忘了帶走

業務・26 歲

有一次我把工作帶回家，因為需要影印文件所以就去了趟便利商店，結果一不小心把內部機密文件的原稿給忘在那裡。雖然我馬上就去拿回來了，但一想到要是有人看到內容……。

資訊涵養過低的上司
擴散假訊息造成小騷動

千葉瞳小姐（假名） 23歲 女性

千葉小姐就職於食品公司，最大的煩惱就是自稱「資訊通」的上司。

「上司非常喜歡社群軟體，不管是 Facebook、Twitter 還是 Instagram，他每天都會勤快上傳東西。畢竟他使用的是個人的帳號，也並不是在上班的時候發文，所以大家也不好說什麼。由於我自己的個人帳號是匿名而且不公開的，要是被他發現，很可能會來逼問我為什麼不公開，這就有點討厭了。」

但讓千葉小姐更困擾的是上司的資訊涵養實在過低。他會相信網路上的所有傳言。

「像是『我們公司使用在產品當中的材料容易引發疾病，詳細調查相關資料交給我』，又或者『身分證字號似乎只要去公所辦理手續，就可以註銷呢』等等，連這類很明顯是假資訊的事情都會相信。連我都知道網路上會有正確與錯誤資訊交錯，什麼樣的文章都有啊。但是對於上司來說，寫在網路上的資訊全都是真的。但是，唉，原本我們是想說私下當成笑話說說就算了。」

但是前幾天，上司使用自己的私人帳號，發出了一則假訊息，結果造成了小小的騷動。部門裡似乎正為了要讓誰去向上司說明資訊涵養的重要性，起了一些手執。

Chapter 4

制度、手續

聯絡工作對象或者提交給組織的申請文件等，在習慣以前都很容易忘記怎麼製作。
但是，如果有所怠惰就會造成損失或者失去信賴。

遵從公司的規則

別忘了提出申請

在執行業務的時候，「報告、聯絡、商量」是非常重要的，這在 62 頁已經說明過。在公司等組織當中執行日常業務的同時，各式各樣的申請書是報告及資訊共享中不可或缺的一環。

如果偷懶沒填寫或者延遲提交的話，很容易對其他人的工作造成影響。就算只遲到幾分鐘或者加班，只要公司決定需要提交申請，那麼提交文件就是你的義務。請不要延後做這件事情或是放著不管，還請儘速提交。另外，需要提交什麼樣的申請書，會因組織或公司而異，還請確認就業規則以後，向上司、前輩或者負責該事項的部門商量。

這種時候一定要告知

有些事情可以說一聲就好，但也有些事情必須要提交文件。

• 缺席

就算是忽然身體不適，也不可以擅自休假，一定要聯絡。視情況而定可能會需要醫師開的診斷證明。

• 遲到或早退

在確定會發生的時候一定要告知。如果是事前就知道的話，也可能會需要提交文件報告。

• 喬遷

因為這會涉及社會保險相關的手續及通勤補助，因此住家地址變更的話一定要提交文件。

• 加班

有些公司會要求在上班時間以外加班的話必須提出申請文件。

• 結婚、離婚、生產

結婚後可能會變更姓氏、扶養家人等，涉及這類與社會保險或稅務關係有關的事，因此必須要有文件辦理手續。

什麼時候需要提交哪些
文件申請，還請確認
就業規則。

✐ 交付公司的申請書清單

這是主要會提交給公司的申請書清單。
大致上區分為勞務管理需求及人事管理需求兩大類。

勞務管理需求	**休假相關**	遲到申請、早退申請、事假申請、有薪休假申請、產假及育兒假申請、補休申請、停職申請、特別休假（照護、療養等）申請、喪假申請
	個人資訊相關	地址變更申請、結婚申請、離婚申請、改姓申請、出生申請、死亡申請、扶養家人變更申請
人事管理需求	**離職相關**	辭呈、離職申請
	其他	證照取得、薪水匯款用戶頭、社員證遺失

要以「書面提交」或者「電子郵件提交」的形式或者格式會因公司而異。要提交文件的時候請先與上司或者前輩確認提交方式。

Q&A

這種時候該
如何是好?!

遲到或請假要用電子郵件？還是電話？

如48頁所述，基本上要使用電話聯絡。不同公司或部門可能會有「LINE群組」、「公司聊天工具」、「社內社群軟體」、「傳簡訊給負責人」等不同方式，若公司有事前決定遲到或請假要使用何種聯絡方式，那麼就請遵循公司指定的方式。若是可以大概推測抵達時間，也要一併告知。若遲到是由於大眾運輸交通工具延遲所造成，為了不打擾周遭的人，在禁止通話的場所請盡可能不要使用電話聯絡。這種情況下就要以能聯絡到公司為優先，可以使用電子郵件或聊天工具。

若有交通津貼，在搬
家以後，也得向公司
報告通勤路線以及交
通費呢。

每年5天有薪休假義務化
打造容易休假的環境

日本由於在2018年6月成立了「工作方法改革相關法案」，針對所有每年被賦予10天以上有薪休假之勞動者，在勞動基準法中明文規定他們有義務每年自行指定季節休完5天的有薪年假。（2019年4月1日開始執行）。長年來日本都有著不要請有薪休假的慣性。但是現在普遍認為「該休息的時候就應該好好休息」，因此鼓勵積極消化有薪休假。為此最重要的就是要與周遭的人互相協助，才能打造出可以休假的環境。請順利取得休假，讓工作更加順暢吧。

 休假種類

休假有法律規定的法定休假以及各公司組織自行規範的特別休假。

＜法定休假＞

• 年度有薪休假

日本依據每週固定勞動天數、時間與勤務年分調整，每年最多會有20天休假。

• 生理假

勞動基準法當中針對生理期時就業困難的女性制定的制度。

• 產前產後休假

提供女性產前六週（若為多胞胎則是14週），產後8週的休假制度。

• 育兒休假

為了養育未滿1歲的孩童而制定的休假制度。相關法規為育兒介護休業法。

• 介護休假

由於疾病、受傷或高齡等理由，家人需要他人照護時可取得之休假。相關法規為育兒介護休業法。

• 兒童看護休假

基於小學就讀前的孩童看護、預防接種、健康檢查等需求可取得的休假。相關法規為育兒介護休業法。

＜組織自行規範之特別休假＞

• 煥然一新休假

隨勤務年分及年齡增長授予之休假。目的是讓員工恢復身心疲勞。

• 義工休假

目的是支援、獎勵員工參加義工活動，可認定為有薪休假、留職停薪等制度。

• 生日休假

可以在生日時取得的休假。也有一些是在家人生日或者紀念日時可以休假的「紀念日休假」。

• 裁判員休假

法律認可前往執行裁判員工作或者身為候補者必須前往法院者可以取得休假，且公司有義務認可其為有薪休假。

註：本章節內容為日本法規，僅供參考。

順利取得休假的訣竅

經常會有人說「請有薪休假也必須守禮節」，但比起「禮節」，其實更重要的是與周遭人的平衡以及體貼。不要忘了在組織當中必須互相協助。

按部就班

把所有該做的工作都做完，也要好好交接。

顧慮周遭他人

盡可能避免在大家都非常忙碌的時期長期休假。

盡早告知

要協助你的工作事務的人也需要事前準備。

取得休假的時候，希望大家多注意的事項

想取得休假的時候，不需要太過客氣，但是必須對周遭多有體貼。如果其他人要休假的時候，也別忘記「彼此幫忙」的心情。

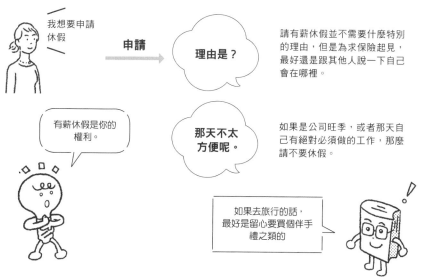

我想要申請休假

申請

理由是？

請有薪休假並不需要什麼特別的理由，但是為求保險起見，最好還是跟其他人說一下自己會在哪裡。

有薪休假是你的權利。

那天不太方便呢。

如果是公司旺季，或者那天自己有絕對必須做的工作，那麼請不要休假。

如果去旅行的話，最好是留心要買個伴手禮之類的

Q&A

這種時候該如何是好 ?!

如果不讓我休假該怎麼辦？

取得適當休假是工作者的權利，但考量與周遭他人的平衡也非常重要。如果上司不許可你的休假申請的話，很可能是因為公司旺季、或者另外有長期休假的人，會發生人手不足的情況，也可能是因為你申請得太過臨時？如果都不是以上情況，是非常正當的申請休假，卻不被許可的話，請向公司的商量窗口、工會或者當地勞動監察機關商量。

不管是女性或者男性育兒工作兩全才是理想環境

日本近年來少子高齡化，生產年齡人口減少，因此有勞動人口不足的可能性。在此狀況中對於生產、育兒方面有個好消息。雖然並非馬上就能辦到，但是法規已經逐漸改良為較容易取得產前、產後休假以及育兒休假，只要利用法規制度，就能夠期待打造出一個可以在好好養育孩子的同時也能夠好好工作的環境。另外，除了女性以外，也鼓勵男性積極參加育兒活動，但是為了要能夠育兒及工作兩全，還是必須要獲得周遭的理解。在取得產假、育兒假之前就必須要先和周遭的人建立良好信賴關係才是最重要的。

產前產後休假、育兒假

下面說明日本的產假及育兒假架構和時間等。

```
預定生產日                     孩子滿1歲

6週          8週        育兒休假          育兒休假          育兒休假
產前休假      產後休假     到孩子1歲為止      可延長至孩子       可能再次延長
若為多胞胎則                              1歲6個月          至孩子2歲為止
為14週                  男性則是在孩子出生後會                （若認定為必
                       有育兒休假的權利                     須的情況）
```

產前休假

- 預定生產日包含在產前休假當中
- 若是比預定晚生產，則從預定日至生產日當天為止都是產前休假

無育兒休假資格者

- 雇用時間不滿1年
- 每週固定勞動天數在2天以下
- 1年以內會結束雇傭關係

■ 取得育兒休假比例推算

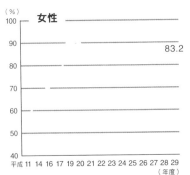

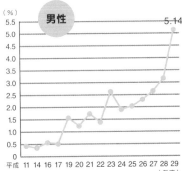

注：平成23年度包含岩手縣、宮城縣、福島縣。
出處：「事業所調查　結果概要」（厚生勞動省）

註：本章節內容為日本法規，僅供參考。

給付金之申請與給付

日本的給付金包含生產育兒給付、生產補助、育兒休假給付。生產育兒給付是針對有加入健康保險或者國民健康保險者；生產補助則是針對加入健康保險的公司員工。無論是哪種給付都需要自己去申請。

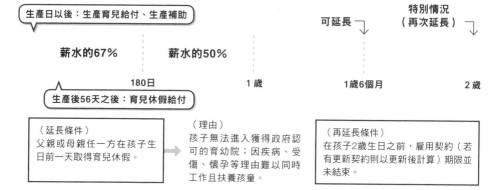

生產日以後：生產育兒給付、生產補助

特別情況（再次延長）

可延長

薪水的67%　薪水的50%

180日　　　1歲　　　1歲6個月　　　2歲

生產後56天之後：育兒休假給付

（延長條件）
父親或母親任一方在孩子生日前一天取得育兒休假。

（理由）
孩子無法進入獲得政府認可的育幼院；因疾病、受傷、懷孕等理由難以同時工作且扶養孩童。

（再延長條件）
在孩子2歲生日之前，雇用契約（若有更新契約則以更新後計算）期限並未結束。

夫婦一起取得育兒休假

日本的育兒休假並不是只有妻子能請，丈夫也可以取得此休假（父母育兒休假加成）。

● 丈夫取得 2 次休假的案例

丈夫若在妻子生產後8週內取得育兒休假，那麼即使沒有特殊狀況，丈夫也可以再次取得育兒休假。

● 夫妻雙方都取得育兒休假的情況

原則上是孩子到1歲之前都可以休假，並且可以延長到孩子1歲2個月為止（2個月的部分是夫／妻加成）。

出處：「育兒休假制度手冊」（厚生勞動省）編撰

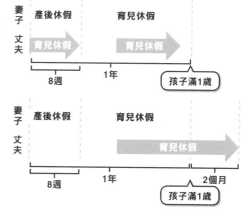

妻子　產後休假　育兒休假
丈夫　育兒休假　育兒休假
8週　1年　孩子滿1歲

妻子　產後休假　育兒休假
丈夫　育兒休假
8週　1年　2個月　孩子滿1歲

Q&A

這種時候該如何是好?!

希望男人也能好好取得育兒休假！

根據育兒照護休業法，除了女性以外，男性也被許可能夠取得育兒休假，但是男性似乎都非常遲疑而不願意提出申請。日本政府目前提出的目標是「2020年男性取得育兒休假比例13%」。2019年離此目標還非常遙遠。但為了要實現針對少子高齡化對策及工作方式改革的「促進女性活躍」，希望男性也能更加理解自己應該參加育兒。

減輕照護負擔、疾病療養負擔的制度

1年大約有9萬9千人為了進行照護而離職，當中女性佔了大約八成（根據總務省統計局「平成29年就業結構基本調查」）。為了減輕就業人口在照護上的負擔而設立的制度，就是「照護休假」、「照護休業」。

取得這類休假必須要符合一定的條件，而休假和休業可以取得的期間不同，在申請方法和是否能拿到薪水等也相異。另外，支援需要長期治療疾病的勞動者的是疾病休假；也有些企業引進的制度是讓病人採用可以半天或者小時為單位請有薪休假去就醫。如果是工作中造成的受傷或者疾病，則有勞動者災害補償保險制度。

照護休假・照護休業

以下說明日本照護休假、照護休業的要件與照護對象、取得對象。

照護休假	需要照護者1人則1年可以請到最多5天。也可休半天
照護休業	一名要介護者可申請最多93天。可分3次

■ 照護對象（不分休假、休業）

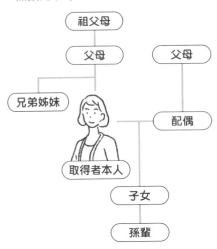

祖父母 → 父母 ─ 父母

父母 ─ 兄弟姊妹

配偶 ─ 取得者本人 ─ 子女 ─ 孫輩

■ 取得對象

・雇用期間半年以上
・為照護需要照護的家人，非單日雇用的全職勞動者
・打工者或計時員工、派遣員工及契約員工包含在內（雇用期為1年以上）
・休業開始日起93天～經過6個月以後勞動契約仍未結束者

這是日本法律規定的休假喔。

註：本章節內容為日本法規，僅供參考。

■ 照護者的就業狀態

男性232萬1500人

有工作者 151萬4900人	無業者 80萬6700人

女性395萬4800人

有工作者 194萬8300人　　　無業者 200萬6400人　　　**總數 627萬 6000人**

出處：「平成29年就業結構基本調查」（總務省統計局）

■ 進行照護工作的勞動者取得休業等的比例

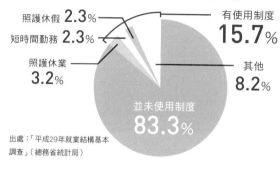

照護休假 **2.3**%
短時間勤務 **2.3**%
照護休業 **3.2**%
有使用制度 **15.7**%
其他 **8.2**%
並未使用制度 **83.3**%

出處：「平成29年就業結構基本
調查」（總務省統計局）

■ 照護休業給付金

若雇用保險的被保險者符合一定條件時，在將來會回到職場上的前提之下，為了照護家人而取得照護休業，是可以領取給付金的。詳細條件請確認厚生勞動省的網站。

為了生活也希望盡可能避免照護離職呢。

✒️ 疾病休假

在日本因疾病或者受傷而需要長期療養的時候，可以活用以下制度。

就業中	因公傷病休假（法定休假）	若因職業災害無法如常上班而領不到薪水，則第4天起可以請領休業補償。
非勤務時間	私人傷病休假（非法定休假）	公務員可依規則及條例取得疾病休假。民間則依公司規定，可能有醫療津貼等，需要自行確認（可能需要醫師診斷書）。

■ 職業災害認定流程

連絡公司、於職業災害保險指定之醫療機關就診
↓
自公司所在地管轄之勞動基準監督署或厚生勞動省網站取得相關表格並填寫（也有些項目需要由公司填寫）
↓
向管轄之勞動基準監督署長申請
↓
由勞動基準監督署進行調查
↓
審查
↓
核准

如為就業中發生之疾病或傷害，又或者是通勤路上受傷，也可能會是公司支付保險金。

若被駁回 →
請求勞動者災害補償保險審查官之審查
↓ 若被駁回
請求勞動者災害補償保險審查官再次審查
↓ 若被駁回
行政訴訟

■ 有疾病休假制度的公司

32.5%

出處：「平成29年就業結構基本調查」
（總務省統計局）

人走了之後就來不及了

要以書面及口頭確實交接

除了人事異動及離職以外，遇到工作對象變更，要將工作交接給同事、後輩等人的情況其實並不少見。

如果沒有好好交接，新上任的負責人就無法從頭到尾掌握情況，也就無法活用原先建立起來的認知，甚至可能有損交易對象對公司的信任。

要將自己掌握的所有事情都教導給他人是非常困難的。就算是聆聽的時候覺得已經理解了，有很多事情不實際上做過根本不會發現。

請逐一列成書面資料，並且盡量找出以口頭詢問回答的機會。

交接的重點

交接的時候一定要告知的重點分為以下6大項。

流程

不管是日常執行的工作或非例行性案件，都應該要告知業務流程。

目標

不管是什麼樣的工作，如果沒有共享目標及手段，就無法走向最好的結果。

時間表

除了最後期限以外，也要算出從最後期限倒算回來的各步驟期限。

經過

從業務最一開始到中間發生過哪些事情、待處理事項、變更事項等等。

業務

預算

預算、請款月份、付款方法等。也要確認有無契約書。

相關者

請掌握內外相關人員及各自的職責、責任範圍等。可依各項工作製作出關係者清單。

也不要忘了電腦檔案和文件放置的位置。

從整體樣貌開始說明

就算是非常重要的事情，如果先聽細節再掌握整體會比較困難。

整體樣貌	詳細
・工作目的、相關人員、預算等 ・1年、1個月的大致流程	進展、工作方式、連絡窗口的習慣等

118

建立交接的時間表

若是前任會離開,那麼一定要立好一個時間表,確保在當天以前完成交接工作。

①決定何時之前一定要交接完成,掌握交接所需要的時間

- ・到調動日為止?
- ・如果是日常工作,那麼就是工作日(月底等)?

②製作交接用資料

- ・更新手冊
- ・製作新資料
  這種時候要盡可能將精細的工作都盡量寫成文字!
  這是刪去個人規則和模糊地帶的好機會!

③以口頭說明,可以的話就共同執行工作的同時進行交接

- ・匯薪水等作業日固定的工作,就當天一起執行
- ・除此之外請建立時間表來執行
- ・一定會有一些事情要實際動手了才會發現,也要告知到時候可以詢問誰

④若有聯絡對象,就要去問候

- ・就算不是業務人員,只要有聯絡的對象就應該一一問候

如果有名冊或者客戶清單等,最好也要一起交接。

如果是固定的工作,通常會有手冊之類的,但是非例行性的工作就得從頭做起囉。

同事急病而連忙交接

企劃・31 歲

有一次同事忽然生病緊急住院。在課內會議當中明白事情經過,但畢竟和我自己的工作大不相同,要掌握進展真是花了不少工夫。對方窗口還會說要是前任者就沒問題之類的話語,令我十分困擾。之後我就下定決心,要讓能夠交接的工作都標準化。

趁著請產假交接的機會

經理・34 歲

從前任手中接下工作的四年裡覺得有些項目是不必要的,正好趁著交接的機會進行刪減(當然有與上司商量過)。意外發現有些已整理好但未經好好利用的資料。

注意時機與計畫
目標是圓滿離職

在終身雇用與長幼有序的時代，在剛畢業之後就職的那間公司一直工作到退休，是件理所當然的事情；但現在，轉職到其他公司已非罕見之事。根據日本總務省調查，2017年有5559萬人離開職場，當中約有311萬人歷經轉職（總務省統計局「勞動力調查」）。另一方面，在離職或者轉職以後才非常後悔的事情也時有所聞。辭掉原先的工作，很可能是因為家庭因素，又或者是轉換人生方向等，理由五花八門，但正因為要離開了，所以更需要禮節。為了要能夠圓滿離職，最重要的就是不要給周遭的人添麻煩。不要弄錯離職的時機、辦理適當的手續，迅速地完成這件事情吧。

成敗與否端看轉職、離職理由

如果因為一些負面因素而決定要轉職或者離職，那麼接下來的工作也不一定就能夠順利。以下說明哪些理由是OK的、哪些又是NG理由。

NG

- 職場上有討厭的人
- 應該有更適合自己的工作
- 想輕鬆點賺錢
- 總覺得應該要離職

OK

- 職場環境並未改善
- 考量自身將來下的決心
- 希望能活用專業能力
- 認識的人挖角到其他公司

希望大家
能明白

何謂黑心企業？

厚生勞動省並無明確基準，不過通常具有以下特徵。

①極端性長時間勞動，或者有定額工作量
②不給付加班費用、權力霸凌等，企業整體守法意識低
③在上述狀況下，對於勞動者過度苛求挑剔

如果覺得自己任職的公司也許是黑心公司，就必須和相關組織商量。請先洽詢公司內的商量窗口、工會，或者當地管轄的勞動基準監督署。

動念離職到實際辭職

如果決定要離職，那麼就有許多必須要先完成的事情。以下就整理出流程。

如果覺得想要離職

寫出所有想要離職的理由，思考是否有不離職也能改善的事項，整理整體狀況並且重新考慮。

下定決心

不管真正的理由為何，一定要準備一個「對於個人來說非常積極的理由」。

開始收集轉職相關資訊（轉職網站、資訊刊物、登錄人力銀行等）。

提報

首先向直屬上司以商量的方式提出這件事情（「其實我目前在考慮離職的事情……」等。）考量到可能會對業務產生影響，最好在一個月前就提出（日本法律上最晚必須於兩週前提出）※。

避開旺季

・告知上司以前不要和同事商量

提交離職申請

獲得上司許可後提交申請書。

提交離職通知

・工作交接
・向曾照顧自己的人打招呼

離職之後要繼續工作、又或者是要休息一陣子等等，這些事情都需要思考一下。

離職

・繳回社員證（離職當天）
・領取離職證明（離職後）

※註：台灣勞動基準法當中有明確規定在職多久以後需於多久之前提出，詳細請參考勞動基準法

Q&A
這種時候該如何是好?!

上司不讓我辭職。

如果不是因為旺季離職會造成大家工作忙不過來，或是離職希望日臨近才遞離職申請等情況，但上司就是沒來由地不接受辭職的情況下，請向公司內的商量窗口、工會或者管轄地區的勞動基準監督署商量。

無法獲得家人同意。

請先好好和他們談過吧。雖然是家人，還是能夠知道其他人的觀點，也許除了離職、轉職以外，能夠找到其他改善狀況的選項。

順利辦理手續

離職別讓自己有所損失

一旦興起了非常想要離職的念頭，有時候就很難以客觀的目光來判斷這件事情，但這時候更應該要好好冷靜下來再行動。一旦興起了離職的念頭，那麼就必須先冷靜下來整理確認一下現況。如果是旺季或者會計結算這種一離職就會對公司以及周遭之人造成困擾的時期就應該盡可能避免離職。如果還有沒用完的年假特休等，也應該要規劃如何消耗掉假期，當然也別忘了考量公司發獎金的時間。冷靜判斷之後再加以行動，才是讓自己也不會有所損失的圓滿離職訣竅。

必須提交的文件

不管是「離職申請」或者「離職通知」，用直書或者橫書都可以。如果公司有固定表格那就使用公司表格。

■ 提交的東西

離職申請

通知希望離職的文件。

離職通知

正式通知離職的文件。無法撤銷。

離職申請

本人
因下述理由希望離職，懇請許可。

・離職希望時間　2019年3月底
・離職理由　轉職

以上
呈　董事總經理　長谷川徹先生

業務部　田邊卓司
2019年2月25日

2019年5月20日

離職通知

齊藤織物株式會社
董事總經理　齊藤義夫　先生

隸屬：總務部　庶務課
姓名：林　令子
本人

由於轉職因素，將於2019年6月30日離職。

離職後之地址與電話號碼如下
地址：〒565-0871　大阪府吹田市○○○
電話：06-0000-0000

以上

「辭呈」是社長、董事以及公務員使用的，一般人不會使用。

如果確定離職日了，就遞交離職通知吧。

離職時的問候　（註：此文包含日文的信件特殊用法及排版，僅供參考）

即使是關係非常好的同事，也請在公司正式受理離職申請以後再告訴對方。除了工作上的接交以外，也別忘了向交易對象問候一聲。

＜因遷居而必須離職的例文＞

敬啟　春暖花開時節，謹恭賀諸位健康清朗。

本人將因遷居而於三月三十一日自○○郎株式會社離職。在職期間於公於私皆多受照顧，感激不盡。

遷居地為金澤，風光明媚、海產豐富。若有機會光臨此地，還請務必來訪。

最後敬祝各位身體健康諸事大吉，謹以此信向大家道謝。

平成三十一年四月

遷居後連絡方式如下
石川縣金澤市彥三町二丁目一番四十五號
〇七六一五四三一二〇〇

宮崎慶悟

敬上

＜因轉職而必須離職的例文＞

敬啟　春光明媚時節，謹恭賀諸位健康清朗。

本人將於四月十五日自株式會社花丸離職。

在職期間有各位多方指導及關懷著實不勝感激。

今後將由同一部門的柳幾笑繼續為貴公司服務。還請各位繼續多多關照本公司。

最後敬祝各位身體健康諸事大吉，謹以此信向大家道謝。

平成三十一年四月

敬上

向轉職對象問候

為了能夠順利打入新的職場，請進行能夠讓人簡單明白的問候及自我介紹（參考54頁）。

服裝除了配合新職場的色調以外，也要留心必須打扮整潔。

打招呼要有活力。說話方式必須傳遞出老實開朗的感覺。

率直地表達這間公司令你感受到的魅力，並且敘述希望自己能以何種形式來做出貢獻。

太長的問候是NG的喔。

NG

- 自豪過往職業、學歷
- 批評前職場
- 說太多私生活

OK

- 轉職理由
- 想在這間公司達成的事情
- 努力目標

如果是上班族，即使因為疾病或受傷而長期休假也會有補助

註：本章節內容為日本法規，僅供參考。

戶田惠小姐（假名） 23歲 女性

「咦，好像怪怪的。」第一次這麼想，是在轉職到研究單位之後不到一個月的事情。戶田小姐為了早點習慣自己的工作，每天都非常忙碌，但卻覺得腹部有股壓迫的疼痛感，到最後連要蹲下或者站起來都有困難，結果被同事扶到醫院去。檢查的結果顯示，由於卵巢腫瘤的關係，導致腹膜當中積水，必須要靜養一個月。醫師同時也向她說明，很可能需要進行手術。

戶田小姐覺得自己才剛開始在轉職的新公司努力，因此流下了悔恨的淚水，但在所有人的眼中看來，都知道是因為她太過拼命。她實在應該要先好好休息治療。但是戶田小姐非常認真，很在意自己轉職過來以後負責的工作沒有人做，會給大家添麻煩。同時長期休假也拿不到薪水，別說是治療費了，連生活費都不知道下落何在。

直接說明結論，其實兩件事情都不用擔心。工作方面，負責人會重新分配所有人的工作內容，藉此來分擔整體工作；而且做事細心的戶田小姐非常按部就班地留下工作記錄，因此在交接方面也非常順利。另外，健康保險當中有傷病補助的給付，因此也不會馬上就完全失去收入，當中也包含了高額治療費的補助，因此可以安心接受治療。會計的總務負責人非常迅速地幫忙辦好了這些手續。戶田小姐應該要做的事情，就是好好休息恢復活力。目前並不需要擔心任何事情。

Chapter 5

效率化、人際關係

工作缺乏效率不僅自己會感到疲憊，還會讓周圍的人也為之疲累。
嚴重的話還會影響到人際關係，因此請從自己能做的地方開始檢討。

費的工夫越多、工作只會越積越多

為了提高銷售額及提升利益，請務必掌握商務技巧，徹底排除多費的工夫。

商務禮節

為了和公司內外的人都
建立良好關係，必須要
有基本禮節

溝通技巧

為了能讓整個團隊展現
成果，必須要有能夠有
效溝通想法的技術

希望大家能夠掌握的商務技巧

基本的 PC 技巧

為了製作文件以及管理
資料需要的操作技巧

解決問題的技巧

為了解決工作進行時發生
的問題，必須要有能夠以
邏輯思考問題的技術

＋

高效率化

↓

PDCA

不要做完了就不管它，
回顧也是非常重要的
（187頁）

業務分配

團隊內工作是否不平均

活用工具

將例行工作自動化以
提高工作效率

節省多餘工夫、企圖在
短時間內將利益最大化

　縮短勞動時間的主題之一就是
「改革工作方式」。員工以縮短勞
動時間平衡工作與生活為目標，而
企業為了追求利潤，經常都必須要
考量降低成本一事。要同時追求這
兩件事情，絕對無法避免的手段，
就是提高工作效率。如果重新檢視
工作上的每日例行作業，就會意外
地發現有不少事情其實是在多費工
夫。必須要節省這些白費的工夫，
在短時間內提升最大利益。為此，
掌握這些技巧，就是今後工作方式
不可或缺的基礎。

白費的工夫隱藏在各處，消除它們的重點就在下列事項

只要減少一些白費的工夫，就能提高工作效率。請你也檢查看看自己是否有耗費一些不必要的工夫。

- **辦公桌周遭的整理整頓**

只要將東西分門別類整理得一目了然，那麼就不需要花時間找東西。

- **電腦的整理整頓**

整理整頓能夠節省工夫，不管是在辦公室裡還是電腦裡都是一樣的。

- **時間表管理**

減少花兩次工夫以及莫名其妙的空白時間。

- **名片管理**

能夠馬上找到聯絡資料，也對縮短時間有幫助。

- **會議整理**

只要別開「落落長會議」，那些時間都可以拿來做其他工作。

- **避免細節錯誤**

要檢查並且修正細節錯誤，會浪費掉大量時間。

桌上的飲料若是打翻了，事後要整理會很辛苦。最好可以使用能夠關上的瓶子、或者有杯蓋的容器。

高效率化能夠促進生產力UP

如果能夠提升效率、縮短作業上耗費的時間，那些多出來的時間就能夠專心做原先的工作，提高生產力。

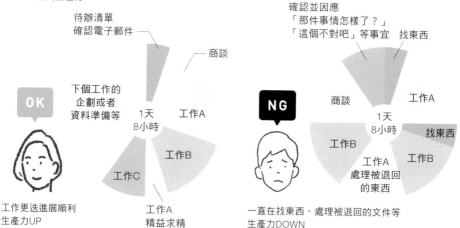

OK

下個工作的企劃或者資料準備等

待辦清單
確認電子郵件

商談

1天
8小時

工作A

工作B

工作C

工作A
精益求精

工作更迭進展順利
生產力UP

NG

確認並因應
「那件事情怎樣了？」
「這個不對吧」等事宜

找東西

商談

工作A

1天
8小時

找東西

工作B

工作B

工作A
處理被退回
的東西

一直在找東西、處理被退回的文件等
生產力DOWN

■ **工作者花在找東西上的時間一年是 150 小時（大塚商會調查）**

以一年工作250天計算，一天大約花費36分鐘在完全沒有生產力的「找尋」這個行為上。如果找東西的時間1天減少6分鐘，就能夠多出30分鐘了。

辦公桌周遭的環境
與工作效率直接相關

　　就像那些擅長做料理的人，廚房通常都非常整齊清潔一樣；如果能夠把辦公桌整理得非常整齊，那麼這個人給人的印象就會是非常有效率、擅長工作。實際上，整理整頓環境並不只是讓外觀看起來舒適，更是為了打造出能夠有效率執行工作、迅速處理事務的環境。如果是不擅長收拾東西的人，很容易就會找藉口說「現在很忙，沒有時間整理」、「工作優先，所以之後再整理東西吧」，但是不會整理東西的人，實在很難讓人想像他會是個能夠有效率且圓滑處理工作的人。請把收拾東西也當成是工作，隨時都要留心整理整頓。

整理辦公桌周遭的優點

整理好辦公桌周遭的話有什麼好處呢？下面就介紹整理整頓的優點。

減少錯誤

習慣「整整齊齊」可以減少錯誤。

節省時間

縮短找自己需要的東西花費的時間。

可進行資訊管理（資安對策）

如果過於雜亂的話，很難進行嚴密的管理。

資訊容易共享

只要整理成任何人都能看懂的樣子，那麼就算負責的人不在，也能馬上了解狀況。

減少意外

除了錯誤以外，也能夠減少「文件山崩」的物理性意外。

降低煩躁感

因為能夠提高自己的注意力，也就能夠比較從容。

整理整頓的步驟

整理整頓的目標並不是讓物品看起來美觀,重點在於容易工作。不擅長整理的人,請先依循基礎步驟。

①區分需要的東西與不需要的東西

將需要的東西確實留下、不需要的東西就下定決心丟掉吧。
以1年為標準,若是超過1年都沒有使用的東西,就直接丟掉吧。
這樣能讓整體變得清爽且便於使用(超過1年但仍遲疑是否該丟掉的就看③)。

②決定管理共有物的規則

多數人共同使用的東西,必須決定放置場所以及補充時機等規則。

③只有重要文件才留下紙本

只有重要文件留下原先的紙本,其他都變更為數位檔案,這樣能夠節省空間。

④依照使用頻率決定擺放順序

經常使用的東西要靠手邊。這樣用起來會比較方便。

我是這樣整理的

經理,40 歲

- 桌面下非常淺的抽屜不放東西
  ⇒ 在工作途中要離席的時候,用來暫時放置桌面上的東西。
- 經常使用的東西擺固定方向
  ⇒ 只要方向統一,就不會有太過雜亂的感覺
- 檔案夾或者抽屜等,貼上名稱標籤
  ⇒ 讓所有人都能看得一清二楚。

■ 抽屜當中的整理整頓

先把抽屜當中的東西全部拿出來,然後分成以下4類。

不使用的東西
↓
丟掉

每天都會使用的東西
↓
放在容易拿到的地方、上層的抽屜

D A
C B

成員共享使用的東西
↓
保管在公共區

每週、每月會使用幾次
↓
放在比A更深處、下層的抽屜

桌面上越多圖示的人就越不會做工作?!

電腦桌面上一大堆圖示的人有兩種。一種是因為不習慣操作電腦,不知道檔案和資料夾該保存在哪裡好,因此就先放在桌面上。另一種則是單純不會整理整頓的人。以後者來說,通常是實際上辦公桌周圍也是東西放得亂七八糟。不管是哪種情況,應該都很難有效率地執行工作吧。既然工作上一定會使用到電腦,那麼就像辦公桌必須清理乾淨一樣,電腦裡面也必須要經過整理整頓。首先就從會一眼就能看見的桌面開始吧。

整理電腦桌面的優點

以下就說明桌面上亂七八糟有多麼不便,以及整理好了以後有什麼樣的優點。

缺點

- 很難找到需要的檔案
- 花時間找檔案會降低工作效率
- 很容易在附件的時候放錯檔案
- 東散西落會使人分心
- 資訊量太大使人分心

優點

- 減少錯誤
- 可以節省時間
- 能夠做到資訊管理(資安對策)
- 容易共享資訊
- 降低意外
- 減少煩躁感

希望大家能明白

由桌面外洩的資訊

如果在公司外面作業的時候,會有很多人看到你的電腦桌面。尤其是正在處理宣傳投影片之類的東西,很可能連桌面上有什麼資料都一清二楚。因此重要的文件絕對不可以放在桌面上。

整理電腦桌面的最高原則

最重要的是不要放置不需要的檔案及捷徑。請養成習慣定期「大掃除」。

● 圖示要在 2 列以內

請記得如果圖示已經排到第3列了,那麼就應該要整理。

● 製作留存用資料夾

在垃圾箱旁邊放置留存用資料夾,不知道該不該刪除的時候就先放在此資料夾當中。因為不需要煩惱,精神上會比較輕鬆。

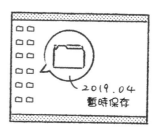

■ Windows 系統

● 經常使用的軟體固定在工作列上

工作列是指螢幕最下面那條帶狀的空間,有開始鍵和顯示時間等。可以將軟體圖示直接拉到工作列上丟上去;或者在圖示上按右鍵選擇「釘選到工作列」。

■ Mac 系統

● 統整圖示的尺寸及間隔

在桌面上雙點擊顯示產品選項。

● 不顯示不需要的圖示

啟動Finder,從環境設定選擇「一般」,設定成不需要的圖示就不顯示的狀態。

實際上桌子亂成一團的人,大多PC桌面也是亂成一團呢。

一言以蔽之就是不需要的東西不要擺出來。

Q&A
這種時候該
如何是好?!

桌布和螢幕保護程式可以自由更換嗎?

如果是因為原始設定不好使用,因此想要變更螢幕保護程式的切換時間等;或者是原本的桌布令人分心,想換成不會妨礙工作的桌布,那麼當然是可以變更的。不過有些職場上會有固定設定的情況,保險起見還是請先和上司或者前輩確認一下。但是如果說是什麼為了提升工作意願,而想放自己喜歡的偶像之類的照片,這種理由是NG的。還請思考什麼樣的桌布比較適合自己的業務之後,再來決定要放什麼桌布圖片。

不再有「東西放哪？」的疑問
工作能更順利

為了提升工作效率，因此必須留心整理整頓，這點不管是在辦公室環境當中或者是電腦裡都是一樣的。

好不容易辛辛苦苦做好的文件，要是不知道放到哪裡去了，那麼寫好的辛勞也就化為泡影。為了不要讓工作白費工夫，請將檔案及資料夾整理為哪些東西在哪裡，都一清二楚的樣子。就算是保存在外接記憶體也是一樣的。不過幸好，電腦還有「搜尋」這個功能，因此為了之後容易搜尋，資料夾及檔案名稱的命名也很重要。為了不要白費工夫、提升效率，還請大家留心資料夾與檔案的整理整頓。

整理資料夾的步驟

檔案不要零零散散地放著，應該要以案件、業務內容來區分，放置到不同的資料夾內。

①判斷應該要刪掉檔案還是留下檔案

- 只有標題不一樣但內容重覆的東西就刪掉其中一個
- 不知道該不該刪除，就先保存在「留存資料夾」當中

②以主要主題來區分資料夾

- 以企劃、案件或者交易對象來區分
- 資料夾名稱不可過長

③主資料夾下面要有子資料夾

- 兩個以上的子資料夾在區分的時候，不可以有橫跨兩邊的資料出現
- 相同子資料夾當中要採用「依日期」、「依字母順序」等相同的分類標準

④將子資料夾放在主資料夾中

- 命名的時候要選用之後比較好搜尋的名字
- 用西元年分加上日期會比較好找

重點就在於哪裡放了哪些東西，必須清楚明白。

■ **資料夾整理案例**

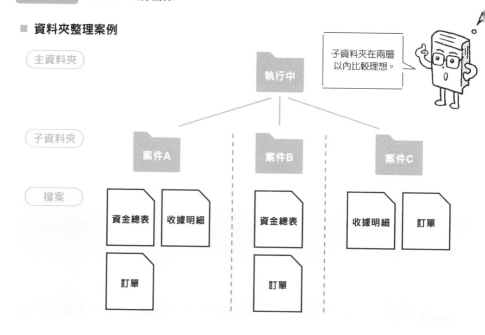

檔案名稱取名最高原則

重點在於除了要一眼就能知道這是什麼檔案以外，也必須是在搜尋的時候容易找到的名字。

簡單又清楚明白	**避免重複**	**要留心之後好搜尋**	**統一規則**
檔案命名的時候要有一定的規則。	這樣才不會不小心錯誤複寫檔案。	放進日期或者更新次數會比較好找。	這樣才能讓團隊的人往來時比較順利。

就算是Mac系統，也可以將資料夾內的檔案以想要的順序排列喔。

如果使用的是Mac系統，請按右鍵選擇「整理順序」的「排列順序」。

 希望大家能明白　**檔案**的自動排列

Windows系統有能讓檔案自動排序的功能。
・記號
・數字（0→9）
・英文
・中文
・依日期
・依檔案種類
・依編號

徹底管理時間
不讓工作發生延遲

身為社會人士，最被要求必須具備的就是管理時間的能力。在工作推進的同時，嚴守期限是非常重要的，如果無法遵守約好的交期，那麼就會失去客戶的信賴。即使是公司內部的工作，只要有一個人的工作延遲，也很可能會造成團隊整體的業務延宕。1 天 24 小時，世上所有人平等，因此最重要的是要自己管理好時間，以免發生工作上的延遲。如果沒有管理好自己的時間表，那麼應該要做的工作＝任務就永遠都無法完成。為了要有效率地工作、節省白費的工夫，請將所該做的事情明確列出。

管理時間表的優點

為了管理時間，不可或缺的就是時間表的整理。以下就來說明確實執行時間管理可以帶來哪些優點。

NG

- 不小心重複安排行程
  ⇒明明這時間已經有預定了，卻又打算去做別的事情。

- 出現空白時間
  ⇒預定與預定之間出現不明的空白時間

- 無法管理進展

- 無法明確知道什麼時候該做什麼事情

OK

- 避免遺忘或者多排行程

- 並非倚賴自己的記憶，只要先記錄下來就可以專心於眼前的工作

- 明確知道什麼時候該做什麼事情

糟糕了！時間表管理失敗範例

- 人家告訴我「雖然不是上班時間，不過還是八點來開個會吧」，我還以為是晚上八點，結果是早上八點。

- 我幫客人預約每隔一小時可以有一組來訪，結果忘了計算午餐時間，導致我自己沒辦法吃午餐。

- 13點到A公司訪問，預計30分鐘結束然後14點去B公司。但根本無法只花30分鐘就從A公司移動到B公司。

- 配合公司內的時間表因此設定公司會議10點開始，但我完全忘記10點半要和客人會談。

任務管理訣竅

管理應該要執行的事情時,安排不會失敗的時間表訣竅如下。

決定終點

預先設定好最終應該做到的目標。

整理任務

明確列出應該做哪些事情。

決定優先順序

分辨清楚應該先從哪個任務下手。

時間管理的最高原則

來看看應該如何管理時間才能在有限的時間內有效率地執行工作吧!

先從重要的工作做起

重要的工作必須考量上司或者客戶會來確認的時間、並且考量有個萬一時要處理的時間之後,先行處理。

養成好習慣

請養成隨時管理時間表的好習慣,不要被眼前的事情迷惑。如果一直去做那些讓你很在意的事情,是無法把所有工作好好完成的。

考量緊急性及重要度的輕重緩急以後,再來決定優先順序。

Q&A

這種時候該如何是好?!

時間的判斷出錯。

在規劃時間表的時候,最重要的就是「如果做這些事情,大概需要花這些時間吧」的時間判斷。但是如果這個「判斷」本身出錯的話,那就前功盡棄了。如果判斷錯誤,不要只是想著「唉呀想得太簡單了」就把這件事情放在一邊,請好好依照PDCA(187頁)跑過一次(P<下次以30分鐘>→D<來做做看>→C<確認>→A<改善>)來試著改善吧。判斷錯誤的原因出在哪裡並找出根本的理由,這樣應該就能夠改善你判斷時間的功力。

目標！自己就是知名經紀人！

時間表管理方式

找到適合自己的方法 有效使用時間

為了要能夠有效率地執行工作，必備的能力就是時間管理。關於該如何才能夠有效使用時間，大多數人都會從多次嘗試的錯誤中學習。但是不能只靠記憶來管理自己的時間。找出符合自己的時間表管理方法，掌握自己的預定。這樣一來，就能夠把心力花費在更加有效地運用有限的時間。

時間表用的表格也有許多種類，除了紙本的筆記本以外，也可以使用電腦或者智慧型手機的應用程式，只要方便就可以了。由於這些工具都有各自的優點，可以好好比較評估以後，再選擇適合自己的。

✍ 時間表的表格要配合目的

根據自己的行動模式或者工作進展方式，選擇適當的時間表表格。

○月						
一	二	三	四	五	六	日

• 月計畫表

特徵

可以一眼看到一整個月份的預定，使用上也可以像月曆一樣。

適合者

以月份為單位來決定事情的人。

○月	
一	五
二	六
三	日
四	memo

• 週計畫表

特徵

可以寫下一週的預定，一眼看到當週的行程。

適合者

以每個星期幾為單位來決定事情的人。

○月	一	二	三	四	五	六	日
8							
9							
10							
11							
12							
13							
14							
15							
16							
17							
18							
19							
20							
21							
22							

• 直式計畫表

特徵

特別注重每小時的時間表管理。

適合者

不規則預定較多的人。必須要以每小時為單位行動的人。

應用程式與紙本的優點

以下介紹的是時間表管理性質的應用程式與紙本筆記本，各自有什麼樣的優點。

搭配使用也不錯呢。

應用程式的優點

・要重複輸入的時候非常便捷
・要一起變更「重複」的預定很輕鬆
・也可以使用提醒功能…等

紙本筆記本的優點

・可以馬上寫筆記
・不需要電源
・手寫下來會比較容易記得…等

希望大家能明白

使用紙本筆記本時先準備起來很方便的小東西們

● **多色筆**

開會或者商談、出差等，將不同領域的事情以不同顏色的筆來書寫，會更清楚明瞭。

● **便條貼**

用可以重複貼上撕下的便條紙，管理流動性質的預定會更輕鬆。

● **重點貼**

半透明、貼上去之後可以閱讀底下文字的貼紙；或者是貼上去之後可以在上面寫字的便條紙。另外還有能讓預定變顯眼的貼紙也很方便。

Q&A

這種時候該如何是好?!

工作和私人的筆記本要分開嗎？

端看使用的是哪種筆記本，有些人會覺得分開比較好，也有些人傾向只使用一本就可以。如果除了時間表以外，還想在筆記本上多寫一些像是日記之類的東西，那麼最好是把工作和私人的本子分開。如果是完全只使用在時間管理方面，那麼能夠一本就看清楚工作和私人事項的話會比較方便。

書寫的空間太小了，很難閱讀

「荒川現場巡視」就寫「荒川巡」；「和常務會談」就寫「J」等等，把內容化為記號，字數就會減少而比較容易閱讀，也能夠節省時間。也可以找書寫空間比較大的本子等等，請挑選適合自己的筆記本或者應用程式。

堆積的名片是人脈山
整理起來有效活用吧

在商務場合上自我介紹時不可或缺的就是名片。在交換名片時結下緣分的人們，只要你還在工作，這些就是你的財產，但若是收到的名片沒能好好整理，那麼這些財產也只是放著腐爛而已。收到的名片要好好管理，活用在收集資訊、獲得顧客以及開拓人脈方面。

如果能夠好好管理名片，那麼就能在各式各樣不同場合當中挑出適合的對象，引領你走向商務成功之路；但若並未好好整理，好不容易獲得的人脈就無法活用在將來的商務當中。還請好好整理保管名片，使它們能夠輕鬆派上用場吧。

各式各樣的管理方法

如果只是把名片都收到抽屜裡面，之後要整理會變得非常辛苦。請以符合自己的方法來管理。

• 掃描做成數位檔案

特徵 容易搜尋，可以馬上找到需要的名片。

適合者 名片張數非常多的人。

• 以雲端進行管理

特徵 只要連上網路，不管何時何地都能夠確認內容。

適合者 經常需要在外確認內容的人。

• 以名片檔案夾來管理

特徵 因為一目了然，所以比較容易對每張留下印象。

適合者 名片張數並沒有那麼多的人。

• 輸入到 Excel 等來管理

特徵 容易抽取、加工檔案。

適合者 擅長輸入資料的人。

整理名片也是有法則的

不管是做成數位檔案,又或者是放進檔案夾裡面,最重要的就是要用什麼樣的順序來整理,使用哪種法則。無論是哪種方法,通常都會有優點也有缺點,請以適合自己的方式來整理。

	優點	缺點
依交換日期順序	新拿到的名片只要繼續往下排就好,不需要調動前後順序	同一間公司、同一個部門的人會分散開來
依姓名發音順序	用名字找的時候很方便	同一間公司、同一個部門的人會分散開來
業種、企業、部門順序	可以把同一公司、同一部門的人整理在一起	很難從名字找人

如果使用Excel做成檔案,那麼要重新排列或者搜尋都會比較輕鬆。

 希望大家能明白 名片資料夾的管理訣竅

名片的張數一旦多了起來,用名片資料夾來管理就會非常耗費工夫。因此如果超過100張了,就把使用頻率較低的名片與經常使用的名片分開,裝到另外一本資料夾吧。這樣要根據目的找名片的時候也會比較輕鬆。

公司如果有名片管理規則,就應該遵循公司的規則。

Q&A
這種時候該如何是好?!

名片在離職的時候應該要還給公司嗎?

交易對象並不是和你個人進行交易的,而是因為你代表公司與他交易,所以才會與你交換名片。也就是說,交易對象的名片並不是你個人擁有的東西,而是公司擁有的東西。因此基本規則是離職的時候,將自己的名片與交易對象的名片,都還給公司。

舊的名片可以丟掉嗎?

如同上述,名片是公司的共享財產,因此不能以個人判斷來決定是否丟掉。如果公司判斷要將那張名片丟掉,就應該考量到個人資訊問題,使用碎紙機絞碎後再丟掉。

所謂的會議，指的便是相互提出意見做出結論的場合

在公司或者組織當中工作的人，與會議有著切也切不斷的關係。但是，經常會有那種不知道究竟為何聚集在此、完全喪失了目標，就只是拖拖拉拉地讓時間緩緩流逝的恐怖會議。會議原本應該是聚集與該議題相關之人，互相提出各種意見之後，集結大家的意見並以組織的立場來決定結論的場合。事前先分發議程、確定會議的方向性以及目標，費些工夫先打造一個能夠集中精神交換意見的環境。另外，也必須做好時間管理，嚴格遵守會議預定結束時間，開一個有活力意義的會議吧。

會議為何存在？

提到會議，其實就是讓多數人進行「報告、聯絡、商量」的場合。大致上分為兩種目的。

• 資訊傳遞

傳遞必須共享的資訊。
· 晨會
· 部門會議
· 聯絡會議

• 解決問題或提出方案

互相提出意見來決定結論。
· 企劃會議
· 生產會議
· 業務會議
· 專案會議

■ 職場中經常召開的會議

業績發展較好的公司，會有比較多決定結論及解決問題的會議；而業績下滑的公司則多半沒有公司內部的會議，這點十分令人矚目。

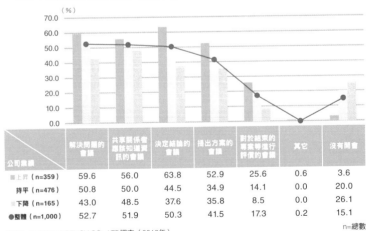

公司業績	解決問題的會議	共享顧客相關的資訊的會議	決定結論的會議	提出方案的會議	對於結束的專案等進行評價的會議	其它	沒有開會
■ 上昇（n=359）	59.6	56.0	63.8	52.9	25.6	0.6	3.6
持平（n=476）	50.8	50.0	44.5	34.9	14.1	0.0	20.0
下降（n=165）	43.0	48.5	37.6	35.8	8.5	0.0	26.1
● 整體（n=1,000）	52.7	51.9	50.3	41.5	17.3	0.2	15.1

n=總數

出處：JR TOKAI AGENCY CO., LTD調查（2016年）

開會之時應該確認的事項

就算只是定期的會議，為了要召集人員，又或者是要參加會議，請先確認以下事項。

時間　　場所　　目的　　出席者

需要哪些資料　　會場設備（投影機、螢幕、白板等）　　會議記錄要怎麼整理

■ 順利召集

會議通知通常會使用電子郵件或者聊天工具來召集相關人員。
如果有固定的格式，那麼就不容易遺漏項目，可以較為安心。

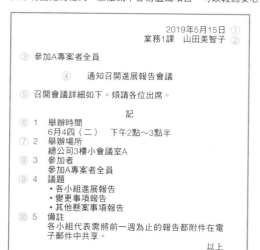

```
                              2019年5月15日 ①
                        業務1課　山田美智子 ②
③  參加A專案者全員
          ④      通知召開進展報告會議
⑤  召開會議詳細如下。煩請各位出席。
                      記
⑥  1  舉辦時間
       6月4四（二）　下午2點～3點半
⑦  2  舉辦場所
       總公司3樓小會議室A
⑧  3  參加者
       參加A專案者全員
⑨  4  議題
       ‧各小組進展報告
       ‧變更事項報告
       ‧其他懸案事項報告
⑩  5  備註
       各小組代表需將前一週為止的報告都附件在電
       子郵件中共享。
                              以上
```

① 日期
② 發信人
③ 收件對象
④ 主題
⑤ 前文
⑥ 舉辦時間
⑦ 舉辦地點
⑧ 參加者
⑨ 議題
⑩ 備註

> 如果日期和星期幾對不上的話，會造成混亂的唷。注意不要弄錯了。

■ 製作資料的訣竅

‧整理成A4大小，頁數控制在3～4張以內。
‧如果要引用資料，要記得明確記載引用來源。
‧在印發給所有人的數量之前，先試印一下。

重點

☐ 輸出的規格和文字大小要符合會議參加者需求。
☐ 如果有固定表格就遵循使用。

> 用釘書針固定資料的時候，如果是橫書就釘在左上角；直書的話就釘在右上角喔。

為了能夠集中精神在會議上
要先整頓好環境

就像是辦公室內的擺設以及物品的放置方式能夠使業務效率產生變化，會議室也會根據會議內容而有不同的配置安排，以便會議順利進行。為了要讓會議能夠無所滯礙，請將桌椅排列成最適合的樣子。

除了擺設方式以外，會議室內的溫度、燈光亮度等等，也都需要調整成能讓參加者有提高發表意見感受的環境。不可以讓環境對與會人員造成壓力，但當然也不能使大家過於放鬆。請把重心放在讓大家能夠集中精神在會議上，打造一個貼心的會議室。

會議室打造方法&基本流程

在會議前後必須執行哪些事項呢？以下稍微挑選幾個準備時必須多加注意的事項。

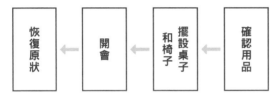

恢復原狀 ← 開會 ← 擺設桌子和椅子 ← 確認用品

- **室溫多少？** 確認可以個別調整，還是自動控制裝置。

- **音響方面？** 確認麥克風是無線還是隨身型。

- **燈光呢？** 參考以下的「照明標準」來調整。

照明標準 JIS Z9110

進行精密視覺作業的辦公室、業務室、設計室等	750～1500lx
會議室、印刷室、電腦室等	300～750lx
集會室、接待室、等待室、餐廳等	200～500lx

也可能會由總務、秘書等人負責；也可能是參加者依照順序輪流負責喔。

如果由年資較淺的人自己積極去做，會給人不錯的印象。

擺設範例

不同類型的會議會有適合各自流程的擺設方式。為了能讓議題順利進行，請選擇最適合的方式。

面對面型

兩組互相面對就坐。

適合這種時候

· 締結正式契約的時候
· 需要較為熱絡的討論時

環繞型

圍著圓桌就坐。

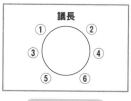

適合這種時候

· 需要所有人地位平等、超越立場地提出各自意見
· 伴隨用餐的會議

ㄇ字型

抽掉議長對面桌子的擺設方式。

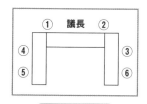

適合這種時候

一邊報告業務一邊開會的時候

教室型

像學校一樣，把所有的桌椅都面向講桌的方向。

適合這種時候

· 主要目的是傳遞資訊的時候
· 需要做宣傳報告的會議

相連型

將長桌排成「口」字型。

適合這種時候

· 希望參加者全員都能互相看到對方，但又能保持一點適當的距離感來交換意見時

ㄩ字型

是ㄇ字型的相反狀態，議長桌會變成離島。

適合這種時候

· 議長需要站在中立立場，且同時需要參加者熱絡地討論

■ 什麼樣的會議形式較常被採用

（％）

正統坐在桌邊的形式還是比較多呢

橫軸：開會 坐在桌邊、電視會議、網路會議、午餐會議、站立會議、咖啡會議、早餐會議、晚餐會議、其他

出處：JR TOKAI AGENCY CO., LTD調查（2016年）

為了提高會議品質
獲得更多成果

如果會議喪失原先目的，只是拖拖拉拉地開下去，那麼不過就是在浪費時間而已。朝著預定的目標，整理出席者意見的同時引領會議方向的「催化者」角色非常重要。極端地來說這個人會協助職掌會議流程，讓討論及會議進行圓滑順利，並且維護整體流程走向目標。吸引參加者發言，目標是達成一個能讓所有參加者都接受的結果。也必須會管理時間，如果討論已經脫離了原先的議題，這個人也必須進行修正。除了會議司儀以外，每個參加者都必須要有催化者的意識，提高會議品質，讓會議更加順利。

會議停滯主要原因

會議會一直無法達成目標拖拖拉拉，通常會是以下原因造成的。

並未事前共享議題

有人並不知道這是為了什麼而開的會就來了。

要將什麼事情決定到何種程度的目的非常不明確

目標本身不明確的話就無法達成結論。

出席的人比需要的還多

以最少人數來討論會比較快速。

重新評估已經決定好的事項

一直重新討論原先決定好的事情，會無法走出迷宮。

■ 嚴禁開會遲到

如果10個人參加的會議，某個人遲到了5分鐘，那麼在這之間等待的5分鐘×10人就總共損失了50分鐘。以時間管理的觀點上來說，這個罪比上班遲到要還重大。

還有這種方式

為了讓大家能在短時間內集中於會議上，也有些企業會下工夫在這種地方。

盡可能減少參加者

只有最低需要出席的人才來進行討論，公告周知就在會議以外的地方進行。

站著開會

這可以防止大家打瞌睡、集中精神。也可以避免會議拖太久。

以 5 分鐘、10 分鐘為單位的會議

設定會議需要時間的時候不要以每小時為單位，而是切得更細一些。

讓會議成功的訣竅

為了要讓這段設定為「會議」的時間過得充實，還請留心以下事項。

嚴守時間規範

除了遵守開始時間以外，腦中也必須謹記結束時間，集中自己的精神。

事前告知主題、目的、時間

必須在所有人都理解議題的情況下，才可能順利進行。

活用會議紀錄

為了能夠儘量縮減參加成員，必須使用會議紀錄在事後做公告周知。

回答問題要在最後

如果中途就接受質詢會導致時間拖長。

> 似乎有很多可以改善的地方呢。

■ 最好避免這類會議（會議問題點）

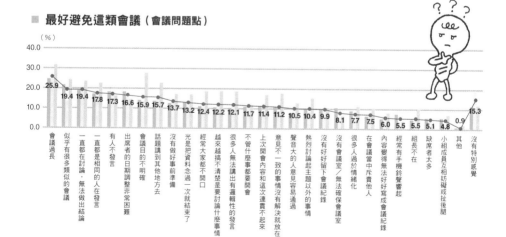

會議過長	似乎有很多類似的會議	一直都在討論，無法做出結論	一直都是相同的人在發言	有人不發言	出席者的日期調整非常困難	會議目的不明確	話題講到其他地方去	沒有做好事前準備	光是把資料念過一次就結束了	經常大家都不開口	越來越搞不清楚是要討論什麼事情	很多人無法講出有邏輯性的發言	不管什麼事都要開會	上次開會內容和這次連貫不起來	意見不一致的事情沒有解決就放在一邊	聲音大的人意見容易通過	熱烈討論起主題以外的事情	沒有好好留下會議紀錄	沒有會議室／無法保留會議室	很多人過於情緒化	在會議當中斥責他人	內容變得無法好好寫成會議紀錄	經常有手機鈴聲響起	組長不在	缺席者太多	小組成員互相妨礙或扯後腿	其他	沒有特別感覺
25.9	19.4	19.4	17.8	17.3	16.6	15.9	15.7	13.7	13.2	12.4	12.2	12.1	11.7	11.4	11.2	10.5	10.4	9.9	8.1	7.7	7.5	6.0	5.5	5.5	5.1	4.8	0.9	15.3

企業業績：■上升（n=346） 持平（n=381） ■下降（n=122） ●整體（n=849）

出處：JR TOKAI AGENCY CO., LTD調查（2016年）

整理為容易理解的會議紀錄

留意討論的重點

將會議內容整理成會議記錄，除了可以將內容告知未參加會議的人以外，也具備將資料留下來的作用。可以的話應該盡快完成，還有必須留心這份資料必須讓事後才看的人也能夠容易理解。如果只是隨意將會議內容都寫上去，那樣反而會無法分辨重點所在，以致難以理解。因此書寫的時候要注意整理方式並思考重點何在。這樣一來，就能夠明確理解職場的狀況，也能夠在腦中訓練如何讓會議變得更加順暢，可以獲得比單純記錄會議還要更多的好處。

會議紀錄的目的

理想是能讓該會議的終點更加明確，使其成為連接到下一個工作的資料。

與缺席者共享資訊

將會議內容與並未出席會議者共享。

統一認知

共享會議指向的目標，統一整體認知。

將責任歸屬明確化

明確區分各職責歸屬及綜合負責人，讓指令系統更加清楚。

■ **製作前的準備**

1. (詢問議長等人) 取得議題
2. 取得過去的會議紀錄

> 最好可以先依照議題做出一個簡單的雛形。

■ **會議紀錄有三種**

法律上規定必須留下記錄的
股東總會會議紀錄
董事會會議紀錄

將發言全部記錄下來的
國會會議紀錄
閣員會議紀錄
等

只需要總結要點和結論的
一般會議紀錄

統整要點以及結論的方法

如果公司或組織內已經有固定使用的表格，那就以該表格為基礎來寫會議紀錄。一般來說記載的項目如下所列。要注意「6W3H」。

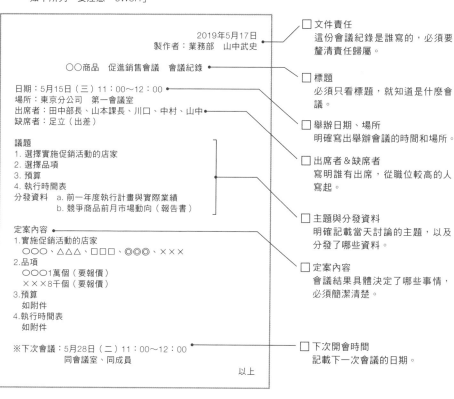

```
                                    2019年5月17日
                          製作者：業務部　山中武史

               ○○商品　促進銷售會議　會議紀錄

日期：5月15日（三）11：00～12：00
場所：東京分公司　第一會議室
出席者：田中部長、山本課長、川口、中村、山中
缺席者：足立（出差）

議題
1. 選擇實施促銷活動的店家
2. 選擇品項
3. 預算
4. 執行時間表
分發資料　a. 前一年度執行計畫與實際業績
　　　　　　b. 競爭商品前月市場動向（報告書）

定案內容
1.實施促銷活動的店家
　　○○○、△△△、□□□、◎◎◎、×××
2.品項
　　○○○1萬個（要報價）
　　×××8千個（要報價）
3.預算
　　如附件
4.執行時間表
　　如附件

※下次會議：5月28日（二）11：00～12：00
　　　　　　同會議室、同成員
                                         以上
```

☐ **文件責任**
　這份會議紀錄是誰寫的，必須要釐清責任歸屬。

☐ **標題**
　必須只看標題，就知道是什麼會議。

☐ **舉辦日期、場所**
　明確寫出舉辦會議的時間和場所。

☐ **出席者&缺席者**
　寫明誰有出席，從職位較高的人寫起。

☐ **主題與分發資料**
　明確記載當天討論的主題，以及分發了哪些資料。

☐ **定案內容**
　會議結果具體決定了哪些事情，必須簡潔清楚。

☐ **下次開會時間**
　記載下一次會議的日期。

製作簡潔客觀會議紀錄的重點

☐ 是否容易閱讀
　最重要的就是要條理分明易於理解。

☐ 「6W3H」是否明確
　確認有沒有漏寫了具體資訊。

☐ 是否客觀
　是否除了事實以外，還多寫了自己的意見及感想？

☐ 有沒有漏寫必知事項
　有沒有漏了應該要告知他人的事情？

內容要寫得讓缺席者也能一目了然！

如果沒有確實掌握工作內容，可是寫不出來的呢。

可以特定出個人身分的資訊都應該慎重處理

隨著時代資訊化的進步，各式各樣的資訊都已經邁入數位檔案化管理。

活用個人資訊，除了能夠提升行政、醫療及商業等各種領域的業務效率以外，若是在處理時不夠恰當，也很可能對個人尊嚴或者權利造成侵害。姓名及出生年月日、地址及電話號碼、電子郵件等聯絡方式，以及工作公司的資訊、臉部照片、身分證字號或戶籍號碼等等，除此之外還有很多與其它資訊結合在一起，便能夠特定出某個人身分的資訊等等，與個人隱私相關的所有檔案，都必須非常慎重地處理。

何謂個人資訊

除了姓名和地址等「個人相關資訊」以外，名字＋上班公司組合在一起的這類可以特定出某個人身分的資訊都算是個人資訊。

與個人相關之資訊	可以識別出特定個人身分的資訊

■ 個人資訊範例

×不算是個人資訊；○算是個人資訊。

 ×
| 5月1日
生日快樂 |
×
貴賓
￥3,000
餐飲費用
×

 ○
| 山本朝日先生
生日快樂
5月1日
全體社員敬上 |
○
山本朝日 貴賓
￥3,000
餐飲費用
A咖啡廳　3月15日
○

■ 必須多加顧慮的個人資訊

人種	信條	社會身分
病歷	犯罪經歷	遭受犯罪被害之事實

■ 與隱私之不同

• 個人資訊
可以辨識出特定個人身分，又或者是某個人身分的相關資訊

• 隱私
私生活、個人秘密不受干涉及侵犯的權利

企業應該遵守的4個原則

與企業規模大小無關，大家都必須遵守下面列出的原則。

取得、使用	點明使用目的的通知或公告，於該範圍內使用。
保管	進行資安管理避免發生資訊外洩之事。從業人員及委託對象也要徹底執行資安管理。
提供	若要提供給第三者，必須先獲得本人的同意。若是提供給第三者、或身為被提供資料的第三者，都必須將此事項留下紀錄保留3年。
對公開請求的應對	若是本人請求告知內容則應立即應對。有客訴時應盡速應對。

這種時候該如何是好?!

公司的網站上傳了有拍到人物的照片，這應該要取得同意書嗎？

如果能夠確知對象，且已口頭取得所有人同意，那麼也可以省略書面同意文件。但為了避免相互認知有所誤差，當然還是製作同意書簽署會比較好。另外，若要拿來用在允諾使用目的以外的其他用途，就必須重新取得允諾。絕對不可以使用未獲得本人允許之圖像或影像。

 希望大家能明白

10 項

檢查清單

1 □ 對於正在處理的個人資訊，是否已決定使用目的？
2 □ 該使用目的，是否已經通知本人或者是公開於某處的？
3 □ （組織性安全管理措施）是否已經確立個人資訊使用規則及負責人？
4 □ （人為安全管理措施、從業者監督）是否有教育從業員關於個人資訊處理的方式？
5 □ （物理性安全管理措施）內含個人資訊之文件或電子媒體，是否放置在所有人都能看見、又或者容易被竊取的場所？
6 □ （技術性安全管理措施）若以電腦處理個人資訊，安全對策軟體等是否都已經安裝最新版本？
7 □ 若是將個人資訊處理委外，是否在締結契約時有要求受託者進行適當管理？
8 □ 若由第三者手上獲得個人資訊，是否經過本人同意？
9 □ 若將個人資訊提供給第三者，又或者從第三者手上獲得個人資訊，對方是否有留下提供年月日等紀錄？
10 □ 若是本人要求查閱自己的個人資訊、又或者是要求修正，是否有馬上應對？

出處：個人資訊保護委員會之中小企業用「至少要做到這些！」10項檢查清單

尊重對方的權利
也是重要的商業禮節！

如果說尊重對方、表現出敬意就是商業禮節的基本，那麼對於對方創作出來的商品、服務、創意及技術等，當然也都應該要表示敬意。

除了大家都聽過的著作權以外，左頁也列出了智慧財產權等各式各樣的權利。不管對方是不是交易對象，自己公司的技術或者設計等是否侵犯他人權利，是必須經常去注意、確認的事情。同時，把保護自己的權利這件事情放在心上，也非常重要。日常生活當中到處充滿了各式各樣侵犯智慧財產權的案例。就算是私人的情況，留心不能侵犯他人權利也是非常重要的。

何謂智慧財產權

泛指人類各種智慧性的創造活動。製作的人會被賦予一定期間的智慧財產權的權利，由各式各樣的法律來規範保護方式。

• 若侵犯智慧財產權

在日本會處10年以下有期徒刑或1000萬日圓以下罰金（若為法人則有三億日圓以下罰金刑責）

■ 一不小心犯錯就無法輕易解決的權利侵犯案例

在網路上看到照片就存檔，擅自使用到自己在社群軟體等投稿文章當中。

自己用了以後覺得非常方便的商品結構，使用在自己公司新產品開發方面。

想和朋友分享有趣的電視節目，所以把電視畫面拍成影片之後上傳到影像網站。

在路上看到的吉祥物設計很可愛，所以就模仿那個角色做了一個很像的，當成自己設計的角色。

希望大家都能聽聽自己喜歡的藝人的音樂，所以未告知對方就把音樂上傳到Youtube上。

想向自己喜歡的歌曲致敬，因此在自己的演唱會上翻唱。

在社群軟體上看到別人說的話覺得很棒，就直接複製貼上，用自己的名義發表出來。

雜誌的內容十分值得深究，因此將該頁拍照後未經許可就上傳到社群軟體上。

想使用的某個電腦軟體價格非常高，因此向持有該軟體的人借來複製使用。

註：本章節內容為日本法規，僅供參考。

日本智慧財產權種類

智慧財產權是一個很大的類別，分為產業財產權及著作權等。細分為以下9個種類。

	名稱	保護期間	保護對象	範例
產業財產權	專利權	自提出後20年；醫藥品等最長可延長至25年。	保護被稱為發明，程度上較高的嶄新技術創意（發明）。區分為「物品」發明、「方法」發明及「生產物品方法」三種。	・相機自動對焦功能 ・長壽的充電電池
產業財產權	實用新案權	自提出起10年	保護的是並非可稱為發明的高度技術性創意，換句話說就是小發明的一些點子。	・日用品結構上的改良
產業財產權	意匠權	自登錄起20年	保護的是物品的形狀、花樣等等嶄新設計（意匠）。	・電腦或媒體等家電產品上有獨特外觀者
產業財產權	商標權	自登錄起10年（可每10年更新一次）	保護用來區分自家與他人經手商品與服務的專用文字或圖示標記。	・公司或產品的商標 ・宅急便等貨車上的圖樣
著作權等	著作權	原則上從創作時起到作者死亡後70年（法人著作為公開後70年）	保護文藝、學術、美術、音樂範圍內以創作來表現出作者的思想及感情的著作物。包含電腦程式。	・書籍、雜誌的文章、繪畫等 ・美術、音樂、論文等 ・電腦程式
著作權等	迴路配置使用權	自登錄起10年	保護獨家開發的半導體晶片迴路。	・半導體層積回路的迴路配置
著作權等	商號	無期限	商人為了表示自己身分而使用的名稱，以公司來說社名就是商號。	・〇〇株式會社等
著作權等	防止不正當競爭	無期限	在保障營業自由下進行自由競爭的交易社會為前提下，若進行經濟活動的企業間競爭已脫離自由競爭範圍而遭到濫用，又或是已破壞社會整體公正之競爭秩序時，防止此類不正當競爭。	・使用眾人皆知的商品標示等混淆自己與他人的商品或營業 ・以模仿他人商品型態之商品進行讓渡等行為 ・不當取得網域名稱
著作權等	育成者權	自登錄起25年（樹木為30年）	保護植物新品種。	・草莓新品種 ・菜豆新品種

出處：日本弁理事會網頁

 希望大家能明白

是公司的專利、**還是個人的**專利

如果公司內部有事前規定權利的取得及價格支付等規則，那麼員工因職務而完成的發明，取得專利的權利歸屬於企業。

（2015年修正專利法）

明明是我辛辛苦苦做出來的商品

產品設計・35歲

明明是我辛苦才做出來的商品設計。我非常開心地拿給認識的人看，結果那個人竟然盜用設計，先去登錄了意匠權。在法律上變成我的設計才是盜用他人的東西。我真的非常不甘心。

把「在別人眼中也簡單明瞭」
放在心上，工作就會有變化

澀谷香苗小姐(假名)　27歲　女性

　　年紀輕輕的澀谷小姐2年前才25歲就被提拔為主任，也就是所謂天才型的員工。腦筋轉得速度非常快、動作也很快、判斷也非常正確。但是由於腦中的思考會接連處理下去，也因此周遭的人經常會跟不上她的速度。結果最糟的情況是甚至還會有人跟她說「聽不懂妳在說什麼」。

　　偏偏這種人對於收拾東西特別感到棘手。雖然自己知道東西擺在哪裡，所以不成問題，但周遭的人卻是無法理解。就算告訴他們「從我的桌上把那個拿過來」，被拜託的人要找出目標物品還是非常困難。即使如此，由於澀谷小姐工作的時候非常重視速度，她認為若是有時間整理桌上堆積如山的文件，還不如趕快處理下一件工作。

　　但是澀谷小姐終究動念要來好好整理辦公桌周遭。契機是公司任命她擔任新企劃小組的組長。除了多了一位助理以外，也經常都必須以團隊來進行工作內容。因此她覺得，還是得讓小組成員都能夠清楚知道自己桌上的哪個位置有哪些東西才行。因此她在整理的時候，特別留心不能只有自己覺得好就行了，而應該要整理成能夠讓所有人看過去都一清二楚的排列方式，由此她也意識到在說明工作內容以及下指令的時候，應該要讓大家都能清楚理解內容，如此一來，整體工作也變得更加順利了。澀谷小姐的工作方式似乎又更上層樓了呢。

Chapter 6

婚喪喜慶、與人往來

公事上的人際往來或許要花費不少心力才能習慣。
請不要忘了體貼他人，好好地經營人脈吧。

重新評估公司內部活動
參加之後也許很開心!?

就算不是非常大的公司，如果不是和自己工作直接相關的人，也許並不是那麼容易有見面的機會。但是，如果公司有舉辦跨部門的公司整體活動，那麼就有機會能夠與平常不會接觸的人談話。另外，如果能為公事以外的共同目的聚在一起，那麼員工的心情也能結合在一起，這對於提高工作動機非常有幫助。最近依循這種思考模式來企劃公司內部活動的企業也越來越多了。與其因為這是義務而帶著非常不情願的心情去參加，還不如抱持著開開心心的感受，以及能與各式各樣不同人溝通的心情，積極地參加吧。

公司內部活動的意義

公司內部的活動，除了春酒、員工旅行等等較為休閒風格的項目以外，也包含了入社、表揚等典禮活動；又或者是員工大會及研習等與工作相關的項目。

• 親睦

歡迎會、送別會、春酒、尾牙、賞花、運動會、員工旅行、烤肉

• 提高工作意願、共享公司方針

表揚典禮、創立紀念日、員工大會、研習（新人、管理階層）

■ 不同企業規模下執行社內活動的目的

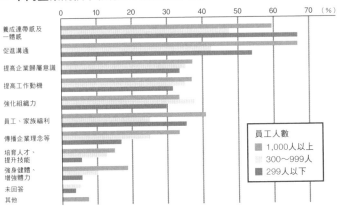

	0	10	20	30	40	50	60	70（%）
養成連帶感及一體感								
促進溝通								
提高企業歸屬意識								
提高工作動機								
強化組織力								
員工、家族福利								
傳播企業理念等								
培育人才、提升技能								
強身健體、增強體力								
未回答								
其他								

員工人數
■ 1,000人以上
■ 300～999人
■ 299人以下

出處：「2014年公司內活動、員工旅行等相關調查」產勞綜合研究所

公司內部活動的準備

公司內部活動的負責人要決定日期、場所之後進行準備。以下整理出流程。

決定日期
如果是每年都要進行的活動,那麼在前一個年度結束的時候,就應該先確認下一年度的行事曆

➡

決定場所
選擇預定出席者容易聚集之處

➡

決定會場
考量人數、預算、設備等條件來評估

通知活動、確定出缺席情況
提出公告內容、確認出缺席

➡

徵收會費
事前徵收通常會比較簡單。

早些告知是否出席,
是對活動召集人的
體貼之心

選擇場所(店家)的重點
- 預定出席者(尤其是高層)容易前往的地方
- 交通工具方便抵達的場所
- 可容納人數高於參加人數
- 取消規則明確之處

開心享受公司內部活動的4個方法

如果覺得是義務就會非常憂鬱,只要想著這是拓展公司內人脈的機會,就能夠提高自己的參加意願。

①早點告知希望參加

②抱持與其他部門交流的打算

③在正式場合不要竊竊私語

④提出要幫忙

NG

會讓關係惡化的言行舉止

- 性騷擾異性
- 對部下進行權力霸凌
- 向酒量不好之人強行灌酒(酒精霸凌)
- 講企業或商業機密
- 被告知請隨意就真的一點禮貌都沒有

希望大家能明白

特殊的公司內部活動範例

參加者一起提出意見來舉辦公司內部活動,也是非常有趣的。

- 叫外燴請廚師來公司做些簡便餐點,辦部門午餐會。
- 前往合作對象的農家進行種田或拔草等活動。
- 在工作開始前進行早晨瑜珈或者打坐等「晨間活動」。

請隨意的規則

雖然說是請隨意,但絕對不允許大家無視階級以及地位做出無禮行為。抱怨、指出上司缺陷等當然是不可以做的。喝太多造成他人麻煩也是NG。話雖如此當然也不可以太拘謹。可以提出平常沒告訴大家的興趣、學生時代的回憶等當作話題來緩和場面氣氛。

如果成為尾牙召集人

公司內部活動的代表之一，就是尾牙。也有很多公司就把這個活動當成一年的結尾而非常盡力。以下就來看看流程。

決定日期

- 所有公司尾牙都會在同一個時期舉辦。因此要早點訂立預定。

選擇場所、會場

- 選擇預定要出席者容易聚集之處
- 考量人數、預算、設備等

決定菜單、預約

- 考量相對於預算的滿足度
- 也別忘記食物過敏問題
- 確認取消規則

通知大家、確認出缺席、徵收費用

- 發出通知、確認出缺席情況、收取費用

根據不同形式製作座位表

- 如果有節目就要考量活動容易進行的座位安排
- 決定司儀人選並且委託對方
- 自己的座位要在容易與店員討論事情的下座

當天要早點去會場

- 如果有需要裝飾或者安排東西的話要先行準備好
- 打造一個讓參加者都感到舒適的會場

依循儀式進行活動

- 留心要讓參加者都能覺得開心
- 活動進行的時間管理

結束

- 確認回程交通工具有沒有問題
- 確認是否有遺失物品

結帳、收拾

- 確認實際出席人數與追加點菜等之後結帳
- 帶來的東西全部帶走

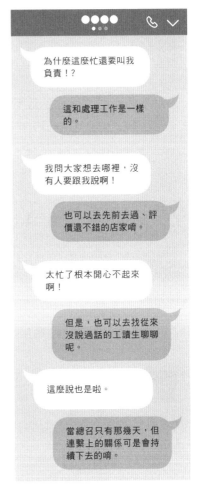

為什麼這麼忙還要叫我負責！？

這和處理工作是一樣的。

我問大家想去哪裡，沒有人要跟我說啊！

也可以去先前去過、評價還不錯的店家唷。

太忙了根本開心不起來啊！

但是，也可以去找從來沒說過話的工讀生聊聊呢。

這麼說也是啦。

當總召只有那幾天，但連繫上的關係可是會持續下去的唷。

和公司其他人交流，是打造人脈的第一步。

如果無論如何都……時的應對方式

如果聚餐或者假日的休閒活動等聚會實在無法配合的情況下，又或者是有其他事情而無法出席，那麼告知時應該要謹記以下事項。

• 不要含糊地回答

通常主辦都會希望盡快確定人數。請不要含糊地回答，早點好好拒絕。

• 不要用馬上就會被拆穿的謊言當理由

相較於拒絕，說謊的問題比較大，會連人格都被懷疑。

• 表達對於邀請自己的謝意

就算不能出席，也應該要向對方表達對於自己被邀請的感謝。

• 在其他機會中積極交流

如果有溝通以外的機會，還請積極利用。

接待的心得

所謂接待，是為了和往來對象加深信賴關係而進行的。以下就來看看應該要注意哪些事情。

• 服裝打扮、言行舉止

不要忘了對於對方的敬意，就算是在酒席上也必須多加注意自己的服裝打扮。

• 斟酒的方法

只要對方酒杯空了，就應該開口提「再來一杯嗎」。但是過於強迫或者很執著要他人喝酒就NG了。

• 選擇店家

如果是由我方決定，那麼要盡可能挑選對於對方來說方便的地點。最好也先確認一下對方的飲食喜好。

• 聆聽的態度

就算不知道對方在說什麼，只要能夠正確地有所回應，並且表現出熱衷聆聽的態度即可。

• 伴手禮、續攤

帶一點伴手禮會給對方比較好的印象。續攤也要注意不能光顧著己方的意願。

> 但這畢竟是難得的場合，最好留心還是要維持開心表情喔。

> 感覺比平常拘謹一些會比較好呢。

經理‧40 歲

總召的經驗讓我活用在主管職位上

在我進公司第一年的時候，老是在做什麼夏季嘉年華、運動會、員工旅行、尾牙的總召之類的事情。連總召慰勞會的總召都還是我自己，我也曾經內心感到氣憤，覺得自己到底是為了什麼進這間公司（到30歲為止我還真不知道自己當過幾次總召了）。
但是等我升上主管，一旦站在需要考量部門配置以及人事等問題的立場，這些處理活動步驟的經驗反而幫上了忙。這是由於那些事情和公司組織的運作非常相似。如果你被點名成為總召，請不要嫌麻煩好好地做吧。只要全力以赴，那些經驗將來一定會幫上忙的。

註：本章節內容為日本習慣，僅供參考。

婚喪喜慶都能好好應對才是個社會人士

以結婚典禮為首，在各種婚喪喜慶的場合上，一個人有沒有身為社會人士的常識，是非常顯著的。還請遵守禮節行動。這種場合當中的禮節，與其說是商業禮節，不如說就是常識。如果在不知道的情況下採取錯誤行動，應該會被周遭的人當成沒有常識。就算是在工作上非常精明的人，如果無法正確遵守喪喜慶的禮節，那麼不僅這個人本身的評價會下滑，就連公司的品格也會遭到懷疑。為了不要出突然的時候才手忙腳亂，還請好好記得這些禮節。除此之外，也別忘了祝福之心。

如果被邀請參加婚禮

如果被邀請去參加可喜可賀的場合，還請遵守出席之前的一連串禮節。請以行動本身表現出祝福的心情。

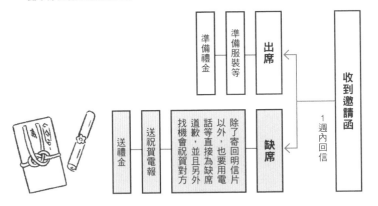

日本禮金的行情

譯註：此處與台灣風俗正好相反，台灣習慣紅包要包雙數；白包才會包單數。

禮金行情會因地區以及關係而異，以下只是大概的金額。如果是自己公司的同事約莫30幾歲的話大約是三萬日圓。

與新人的關係	賓客年紀：20多歲	賓客年紀：30多歲	賓客年紀：40多歲
公司的上司	3萬日圓	3萬日圓、5萬日圓	5～10萬日圓
公司的同事	2萬日圓、3萬日圓	3萬日圓	3萬日圓
公司的部下	2萬日圓、3萬日圓	3萬日圓	3萬日圓
公司往來對象	3萬日圓	3萬日圓、5萬日圓	3萬日圓、5萬日圓

出處：「My Navi Wedding」株式會社My Navi

也有些說法是兩萬日圓是OK的，但也還是有很多人對於偶數的禮金非常抗拒，因此還是要多多小心喔

NG

服裝（160頁）

- 晨禮服、燕尾服
- 白色洋裝
- 比新娘還華麗
- 已婚女性的振袖和服
- 大白天卻穿露出度高的洋裝
- 靴子

忌諱用詞

- 表示一直重複的詞句
  回去、回歸、重複、反複、再次、再度、再三、又、第二次
- 讓人聯想到分手的詞句
  分、切、斷、離

- 不幸、不吉利的詞句
  死、屍、葬禮、輸、病、失敗、悲傷、討厭、九、四

Q&A

這種時候該如何是好?!

如果和喪事撞期，應該以哪邊為優先？

如果喪事和喜事撞期，那麼絕對要以喪事為優先。因為祝賀可以改天再說，但別離就只有一次。為此必須告知對方缺席，一定要盡早。如果在時間快到才去需要去婉拒，那麼給對方的禮金金額，必須是原先預定出席時要遞交的金額。如果是當天才能聯絡，那麼就不是告知本人，而是要聯絡會場。

突然沒辦法去的話，應該要怎麼辦？

因為對方都已經準備了，所以盡可能避免臨時缺席。如果真的是不得不缺席的情況，那麼就應該趕快聯絡謝罪，並且寄出與出席時相同金額的禮金。

如果公司內想幫對方慶祝

最好可以詢問本人想要什麼東西，大家一起出錢準備那份禮物。如果對方說「什麼都可以」那麼以下物品比較沒有爭議。

• 花束

一般偏好粉紅色或黃色的花束。包裝的時候也要有祝福的氣氛。

• 夫妻筷等一對的餐具

這種東西如果是朋友送的是最好的了，請選擇家裡多個幾套也沒問題的餐具。

• 餐券

比起送食物，還不如送高級餐廳的餐券等。

• 高級毛巾

日用品請選擇高級品。如果上面能放上名字，就更有紀念品的感覺了。

■ 禮金袋包裹方式

不可以用蝴蝶結固定，請使用附有已經打好水引（裝飾結）的包裝紙。顏色必須是紅白！

一般服裝

如果是結婚典禮就應該要穿正裝！大家很容易這麼想，但其實只有當事者與其家人需要穿禮服。
一般典禮喜宴的話，男女都穿準禮服就可以了。

中長以上的頭髮應
該要盤上去。

建議穿粉彩色系的
洋裝。如果年齡較
長，可以選擇比較
沉穩的色系。

白色絕對NG。

白天盡可能不要裸
露太多肌膚。晚上
則可以穿雞尾酒禮
服。

包包選擇布製品。
鱷魚皮等爬蟲類皮
革NG。
飾品、指甲等最高
原則就是不可以比
新娘還要顯眼。

如果穿和服，已婚
女性不應該穿振
袖，而應該穿訪問
服。

鞋子穿單色包鞋。避免
穿涼鞋或者後跟帶鞋。

頭髮要整理好。

襯衫建議穿白色或
者淺色的常用色。

正式的黑色西裝，
以白色或銀灰色領
帶表達祝賀之意。

只有新人的家人需
要穿晨禮服或燕尾
服。賓客穿黑色等
正式套裝。

如果穿和服，應避
免穿有家紋的黑色
禮裝，只要穿略禮
裝即可。

鞋子請穿裝飾品少的
皮革製品。有一些光
澤沒有關係。

 **希望大家
能明白**

**如果被拜託
要演講**

如果對方拜託你演講，那麼就爽快允諾吧。只要思考一下「新郎或新娘會特
地指定你，表示是希望你將一些自己與兩人相關的小故事，介紹給配偶的親
人、上司以及朋友」，如此便能自然過濾出說話內容。先表達祝福之意、自
我介紹與新郎新娘的關係以後，可以的話就以夾雜著幽默感的方式來說故
事，最後以一些錦上添花的言詞收尾。別忘了主角可是新郎新娘。

結婚典禮的禮節

就算是不習慣的正式場合，只要遵守好基本禮節就不會有什麼問題。請見機行事吧。

接待櫃檯	進場	手提包
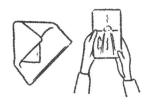	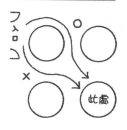	

請務必在表達祝賀之意以後，再告知對方自己是受到新郎還是新娘的招待前來，讓對方做紀錄。取出禮金袋的時候，要先將袱紗※往右邊打開，然後向下翻，依照順序把禮金袋取出，再將禮金袋轉成對方來看是正面的那一面遞交。

※日本用來放紅白包袋的隨身包

在走向座位的時候，不可以直接從中間切過去，要沿著牆壁前進。

如果有很大的行李，那就先寄放在置物櫃。小的包包可以放在椅背與腰後之間，又或是椅子的右下方。由於左側會有工作人員往來，因此請將左邊空出來。

■ 西餐禮節

要從擺放在外側的刀叉用起。

不管是吃的還是喝的，要在拿取的時候只拿取自己可以吃完喝完的分量。

中途離席的話，要將餐巾擺在椅子上。擺在桌上是表示已經用完餐。

 希望大家能明白

當自己結婚的時候

• 要招待誰前來

招待職場相關的賓客時，基本上不是以自己的心情來選擇，而是注重在人際關係上。雖然想招待感情比較好的上司，但還是應該以直屬上司或其高層為優先；也許想找同時期進公司的人，但還是請同一個職場部門的人來，比較沒有問題。比較親密的人，就在續攤的時候，或者另外找機會招待他們吧。

• 如果沒有舉辦婚宴

就算沒有舉辦婚禮，也一定要向公司以及上司報告結婚一事。就算自己覺得繼續工作是理所當然的事，但聽說有人要結婚，周遭的人一定會非常在意，所以也要清楚地向其他人說明今後的打算。

在人生各種場合中
都有值得祝賀的場景

在人生各個階段的舞台上，有許多喜事。在自己孩童時期，想必曾經因為有人幫忙慶祝入學或者生日就感到非常高興的經驗，但是等到成為社會人士以後，就該要將這份「喜悅心情」贈送給他人。除了生產、入學、畢業、就職、結婚紀念日、花甲、古稀之年等私事以外，還有升職、轉職、開業、新店落成等商業上的喜事，傳達祝賀的心情都是一樣的。藉由誠摯表達祝福之心，能夠讓雙方的溝通更加圓融。

除了老實傳達心情以外，也請謹遵禮儀。

✍ 祝賀訊息範例

配合各式各樣場景，請送上誠摯的祝賀言詞。

慶賀生產	・恭賀順產。願孩子健康長大。 ・恭賀順產。全體員工一同獻上小小祝福。請務必靜養身體。
慶賀入學	恭喜令嬡就讀小學，也望她能健康幸福。
慶賀畢業	恭賀令郎畢業，在此為他的嶄新前途聲援。恭喜您。
慶賀新居	恭賀新居落成。等較為安穩之後，請務必讓我前往一窺新居。我非常期待。
慶賀生日	・打從心底祝賀您生日快樂。望您健健康康、日漸活躍。 ・生日快樂。願您有美好的一年。
結婚紀念日	恭喜兩位結婚○周年。今後也請繼續做一對感情甜蜜的佳偶。
慶賀花甲之年	謹祝您花甲之喜。今後還請繼續保重身體、多加活躍。望您身體健康萬事如意。
慶賀古稀之年	打從心底恭賀您已臨古稀之喜。今後也請務必多多保重身體，永保活力十足。
慶賀就職	恭喜就職成功。期待成為嶄新社會人士以後能對社會做出更多貢獻。
慶賀退休	非常感謝您長年以來的指導。祈禱您今後仍健康有活力。
慶賀康復	恭喜您出院。請不要過於勉強自己。不過大家都在等候您早日回來。
慶賀授章、 受勳	打從心底恭喜您榮獲獎章。望您將來能更加活躍。
慶賀轉職、 升職	非常恭喜您這次榮升。今後也請繼續給予指導。
慶賀落成	恭喜公司新屋落成。望貴公司能發展順利、員工健健康康。
創立紀念	恭喜貴公司創立○周年。對於貴公司至今為止的功績深表敬意，也望今後能繼續繁榮發展。

註：本章節內容為日本風俗習慣，僅供參考。

如果收到祝賀

如果收到來自個人的祝賀禮品，基本上必須回禮。請好好抱持感謝之心回禮。

• 回禮的物品

回禮物品通常要在10天～1個月內贈送。一般來說回禮的價值是收到禮品的一半金額左右。請注意不要收下禮物就放在一邊。

• 謝函

通常是會寫信而不是明信片。除了開頭、問候語以外，也別忘了添上充滿誠心的感謝話語。

中元禮品、年末賀禮

婚喪喜慶當中包含了年節、中元及年末等等，與季節相關的民俗活動。如果想要有更寬廣的人際關係，就應該要好好重視這類季節問候。

時間是？	中元禮品：7月上旬～15日（不同地區也可能是7月中旬～8月15日） 年末禮品：11月下旬～12月20日左右（不同地區可能是12月13日～20日左右）
給誰？	一般是受到照顧的人送給長輩。
行情是？	一般行情是3000～5000日圓左右。如果太過高價，收的人也會覺得很不好意思，所以把5000日圓當成上限比較沒有問題。

■ 適合當作中元、年末禮品的物品

每年百貨公司都會有很多企劃商品。如果對方對於流行事物非常敏感，也可以盡量利用百貨公司的企劃。

• 果汁飲料類

如果是贈送給企業，那麼就選擇有個別包裝、保存期限較長的東西。

• 清潔劑組

如果贈送給個人，那麼不需要在意保存期限的日常用品也很受歡迎。

• 禮券

請不要送給長輩。

如果主要目的在於「選擇對方喜歡的東西」，那麼相較於禮券，還不如直接挑目錄上的禮品喔。

考量遺族悲傷之心
行動要體貼入微

比祝賀之事更令人動搖心神的就是喪事。這在婚喪喜慶當中是最需要有細膩心思的活動。無論如何最重要的是重視逝者的尊嚴，以不踐踏破壞遺族悲傷為最優先，然後嚴肅進行所有該做的事情。如果是非常親密的人，那麼就應該趕緊前往弔唁，但如果是公司相關的人，則應該遵循公司的應對。雖然可以守靈和出殯都去，但公司相關的人基本上只要去其中一場就可以了。如果是守靈就不需要穿喪服。也請站在遺族的立場，以禮儀表現出誠摯送對方一程的心情。

如果收到訃聞

不幸的消息總是非常突然。會覺得內心動搖也是理所當然，但這種時候最重要的就是穩重地照步驟來。

- **安排哀悼電報**

電報務必要在出殯前一天抵達喪家。

- **準備白包**

需多加注意不同宗教派別的信封寫法及水引會有所不同。

- **聯絡相關人員**

如果有人詢問，不應該以口頭告知，而要以文件或FAX聯絡。

收到訃聞
→ 告知感到遺憾一事，確認守靈及出殯的日期、會場、聯絡對象、喪主姓名、宗教、宗派、是否需要公司幫忙等

向上司、總務報告

NG
- 不仰仗上司指示，一切自己判斷。
- 直接聯絡遺族。

日本白包的行情

行情會因地區及親疏遠近而異，但大致上如下所示。

		最多回答金額（日圓）	平均金額（日圓）
親戚關係	祖父母	10,000	19,945
	爸媽	100,000	64,649
	兄弟姊妹	50,000	40,654
	叔伯阿姨	10,000	17,145
	其他親戚	10,000	13,484
公司關係	職場相關	5,000	5,697
	工作員工的家人	5,000	4,631
	交易對象相關	10,000	8,083
朋友	朋友、其家族	5,000	5,905
地區關係	鄰居、附近住戶	5,000	5,058
	其他	5,000	6,357

出處：「第5次白包相關問卷調查報告書（平成28年度）」
一般社團法人全日本冠婚葬祭互助協會

因為沒什麼經驗，所以會有些困難。請向前輩或負責總務的人商量

註：本章節內容為日本風俗習慣，僅供參考。

■ 社員過世時的訃聞範例

2019年4月30日

致諸位員工

總務部

訃報

本公司經理部長湯田正彥先生於昨日4月29日15點30分因急性心臟衰竭離世，享年54歲。

謹表哀悼並公告周知。守靈及出殯、告別式時間如下。

記

- 守靈　　5月1日（三）18點～19點
  地點　　Ceremony Hall大沼
  　　　　小平市大沼町0-00-0 電話 042-000-0000
- 出殯及告別式　5月2日（四）10點～12點
  地點　　Ceremony Hall大沼
  　　　　小平市大沼町0-00-0 電話 042-000-0000
- 喪主　　湯田耕太　先生
- 備註　　出殯無特別宗教儀式。

以上

重點

- □ 盡可能迅速發表。
- □ 表現出對逝者的敬意，文字需有禮。
- □ 守靈、告別式等都要標明場所地址及電話號碼。
- □ 也要明確記載喪主及宗教信仰。

■ 員工家人過世時的訃聞範例

2019年3月21日

致諸位

總務部長
鈴木太郎

訃報

總務部庶務課 綠山邊瑠照小姐的母親由於疾病，於3月20日20點45分享年72歲永眠。
在此為逝者祈福並公告周知。
守靈及出殯、告別式時間如下，請告悉。

記

- 守靈　　3月21日（四）下午6點開始
- 出殯及告別式　3月22日（五）早上10點開始
  地點　　名稱：猿江會館
  　　　　地址：江東區0-00-00
  　　　　電話：03-0000-0000
- 喪主　　綠山邊瑠照 小姐
- 備註　　出殯無特別宗教儀式。

以上

重點

- □ 接到聯絡之後就要迅速處理。
- □ 表現出對逝者的敬意，文字需有禮。
- □ 不要將死因寫得太詳細。
- □ 明確記載會場地址、電話號碼。
- □ 也要明確記載喪主及宗教信仰。

希望大家
能明白

要告知到什麼程度

這會根據公司情況，以及和對方往來的交情深淺、逝者的社會地位、在業界的立場等條件而有不同的判斷。如同前頁所述，請務必向上司報告、確認，第一要件就是不可以擅自發出通知。有時候也會有「親屬希望只做家祭因此婉拒大家前往」等，必須要考量逝者或者遺族方面的問題。這並不能直接向遺族確認，請詢問告知此一訊息的人。

守靈·出殯的服裝

一般會穿著喪服，但原本喪服是近親穿著表示服喪的意思，因此如果是守靈，那麼只要穿著暗色調服飾以示弔唁即可。

使用亮片亮粉等化妝品，或者沒化妝都是NG。請化淡妝。

基本上不需要穿戴飾品。如果要戴的話，請選擇整串的珍珠或者瑪瑙項鍊。

請穿著黑色兩件式套裝，或者灰色等深色兩件同材質服裝、洋裝。

請避免使用華麗的包包。最好是布製黑色素面的包包比較沒有問題。

絕對不能穿拖鞋、靴子或者鞋跟過高的鞋子。請穿黑色素面包鞋。布製的會比較正式。絲襪穿黑色就沒有問題。

襯衫請穿白色無花紋的款式。絕對不可以穿有顏色或有花樣的。

領帶、皮帶、襪子也全都要是黑色的。

基本上是黑色西裝。要選擇扣子也是黑色的款式。

念珠請選擇各宗教派別共通的款式。

鞋子也要黑色，選擇平光款式。

就算是冬天很寒冷的日子，也不可以穿毛皮外套。

 ## 無法前往時

可以的話最好盡快前往弔唁，如果實在無法前往，那麼可選擇以下方式致上哀悼之意。

• 送弔唁電報

要傳給喪主，必須在葬禮前一天抵達。

• 將白包託給會前往弔唁的人

也可以用現金袋寄出。或者送供奉的花束花圈過去。

• 日後前往

確認過遺族的時間以後，再穿較為平常的服裝前往弔唁。

表達哀悼之意的話語

即使哀悼之意非常深厚，但要表達出來讓遺族知道仍然十分困難。在這種場合當中使用長久以來大家經常用的話語，也就不會有什麼問題。這種時候就請不要自作主張多嘴了。

在會場（接待處）

- 我感到萬分遺憾（這是對著遺族說的話語。但是不會使用在基督教場合）
- 請您節哀（對著遺族說的話語）
- 願您在天之靈得以安息（對逝者說的話語）

收到訃聞時的回覆信件

- 此次突聞噩耗實感萬分遺憾，在此獻上哀悼之意，願他在天之靈得以安息。
- 意外接到此一噩耗實在令人難以置信。感戴他生前萬分照顧，誠摯願他在天之靈得以安息。

不可使用的言詞

- 「屢次」
- 「再次」
- 「終於」
- 「再三」
- 「更加」
- 「接連」
- 「跟隨」

若為基督教儀式，也不可以說「遺憾」、「供養」等。

應避免之言行舉止

- 絕對不可以隨口聊死因。
- 也盡量避免和認識的人聊天。
- 守靈點完香以後會端出料理及酒（守靈餐），一點都不動是非常沒有禮貌的。

Q&A
這種時候該如何是好?!

收到喪期通知明信片才知道這件事情。

也許是因為對方只舉辦了近親的家祭，因此遺族並沒有特地告知其他人。如果是因為收到將不寄賀年卡的喪期通知明信片，才知道這件事情的話，那麼就請先以電話或者電子郵件、又或者是使用冬季問候明信片等方法來向對方表達遺憾。如果是比較親密的對象，那麼也可以問問對方是否方便過去弔唁。

結婚請帖的回函卡上的
「Address」欄居然填了電子信箱

小平健太郎先生（假名） 29歲　男性

小平先生非常會照顧晚輩，在公司裡他也是一位受到公司期待的年輕領袖。即將滿30歲之前，他決定和從前在分公司工作時認識的女性結婚，因此將邀請函寄送給曾照顧他的許多人、前輩及同事、還有他非常疼愛的後輩們。包含上司在內，許多前輩和同事都將回函寄回來了，唯獨沒有收到社會新鮮人A的回覆。

「那傢伙在工作上也還行，滿有個性的，經常會有一些我意想不到的舉動。因為他平常看起來似乎並不是很關心周遭的人，所以我想說他大概是忘記回覆了吧，沒想到我去問他說『我想確認人數，要不要來就跟我說一聲吧』的時候，他卻慌慌張張地說『親手拿給你可以嗎？』然後把回函卡拿了過來。那張回函還真的是有夠出人意表的啊（笑）！」

對方拿給他的明信片，確實把出席給圈起來了。但是下面的「Address」，也就是應該寫地址的地方，不是寫地址而是寫上了電子郵件信箱。

「原來如此啊～！原來他是誤會了吧。雖然他只小了我5歲左右，但我還是想著也許這就是世代隔閡，所以後來和晚輩說話的時候，就盡量不要以自己的感覺為絕對標準，而會注意說明的時候必須要清楚明白，不要讓對方誤解。」

小平先生並不會責怪對方的冒失，反而考量到自己更該多加注意，由此也能窺見他受到大家愛戴的原因。

Chapter **7**

商務之心

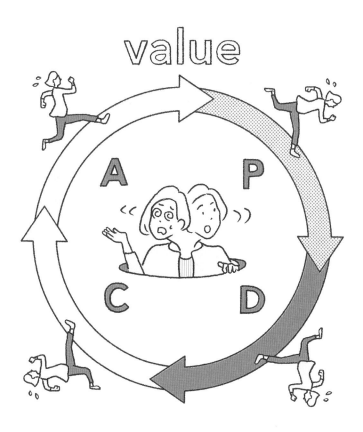

要工作就必須謹記的商業常識。
請重新調整自己的心態確認這些事情。

從「增加勞動力」轉為「提高生產力」

日本長久以來都是採用大量的人手、花費大量時間來增加利益。但有鑑於勞動力不足的現況，因此也逐漸轉向重新考量這種做法，轉而將目光放在提高生產力這方面。所謂的生產力指的便是投入的勞動力所能產出的產值比例。這個計算當中，如果增加分母的勞動力，反而會導致生產力的數值變小。相反地，若是減少勞動力，生產力的數值反而會提升。如果相同的東西在相同時間內分別讓10個人和5個人來做，相比較之下，當然是5個人來做的生產力比較高，如果A要花3天才能做完的工作，B只要花2天就能做完，那麼B的生產力當然比較高。

需要「提高生產力」的理由何在

勞動力人口減少、日本國際競爭力下滑等，都不是能夠馬上解決的問題。若想要在這種情況下提高利益，就不應該以加班等方式增加勞動時間來累積成果，而是應該透過讓工作者提高各自技術等方法來提高生產力。

藉由提高效率來提升生產力，縮短每個人各自的勞動時間，同時也能夠調節工作與生活，達到調整工作生活之間平衡的效果。工作方法改革的目標，就是以適合現在社會的方法來提高生產力。

■ 產業類別生產力的日美比較

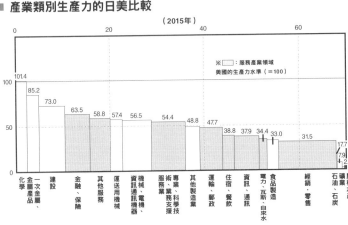

（2015年）

※ □：服務產業領域
美國的生產力水準（＝100）

101.4　85.2　73.0　63.5　58.8　57.4　56.5　54.4　48.8　47.7　38.8　37.9　34.4　33.0　31.5　17.7　7.9　2.4

化學、金屬產品｜一次金屬、金屬製品｜建設｜金融、保險｜其他服務｜運送用機械｜機械、電機、資訊通訊機器｜專業、科學技術、業務支援｜服務業｜其他製造業｜運輸、郵政｜住宿、餐飲｜資訊、通訊｜電力、瓦斯、自來水｜食品製造｜經銷、零售｜石油、礦業、石炭｜農林水產業

※X軸是以美國為100時比較出日本的勞動生產力水準；Y軸是日本國內GDP中各產業市占率。
出處：「產業別勞動生產力水準之國際比較（2018年4月）」公益財團法人 日本生產力本部

何謂生產力高低？

什麼叫做生產力高呢，請從以下的圖片來確認說明內容。

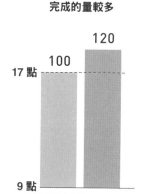

**相同時間下
完成的量較多**

團隊或個人在相同時間內完成的工作數量多者，表示生產力較高

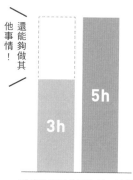

**相同量的
完成時間較短**

即使是相同的工作量，只需要較短時間就能完成者的生產力較高

**相同的東西
但受到比較多人支持**

需求者較多的工作表示附加價值高，相對價值也高，也可說是生產力較高

■ 工作生活平衡的實現與生產力

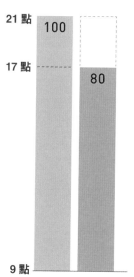

先前都要加班到21點才能完成工作，現在只要到17點就完工離開的話，就會變成如上圖。

如果只是單純減少勞動時間，收益就會下降，那麼相對價值也會降低。

所以必須要考量的是即使減少工作時間，也不會造成收益下降的方法呢。

提高生產力的重點

提高工作者各自的技術，使大家在短時間內也能維持原先的工作量。

企業認可短時間工作或者在家工作，讓大家不用離職也能繼續工作。

企業尋求不需要社會保險等外部人員的協助，或者採取自動化技術。

現在價值高的人
就是生產力高的人

我想大家都已經理解，在今後的時代中提升生產力有多麼重要。如今已經不是要讓大家浪費無謂時間的時代，而是要求大家花費較少的勞動時間來提高成效。一般來說，花費比較多的時間，的確是能夠生產出比較多東西，但現在社會需要的並不是那樣的工作方式。另外，先跑去打卡佯裝成時間上並沒有加班，但其實還是繼續工作等等，就更加不在討論的範圍了。

用金錢買時間
費用對比效果

雖然工作的價值會因時代、因人而異，不過現在被認定為「價值較

高」的人才，是生產力高的人。比起削減成本，提高產能反而更能獲得高度評價。一聽到「減少成本」也許大家都會覺得就是不要花錢，但如果花錢請別人做會比自己全攬下還要有效率的話，那麼那筆金額就不是什麼太大的成本。不如說自己從頭做到尾，所花費的「時間」和「精力」的成本還比較高。

在商務的世界當中，如果能夠正確使用金錢，那麼錢很自然就會回來。如果最後還能夠有所加成，那麼其實是提高了生產力。請評估費用對比效果，如果是花錢就能解決的事情，那麼就可以考慮還有花錢解決的這個方法。

逐漸為工作
創造新價值

另外，為了要提高生產力，也必須要給予成果一些「附加價值」。所謂附加價值，就是將先前沒有的嶄新事物或獨家事物，附加在商品或服務上。這並不是說要創作出一個全新的事物。而是藉由改變觀點來看原先的東西，或者變更使用方式，來誕生出一種嶄新的價值。這並不單純侷限在與全新事業或者企劃相關的人，舉例來說，在行政事務上下點工夫，讓工作變得更有效率，就能為原先的工作創造出全新的價值。提高生產力的提示存在於各式各樣的場合當中。

🖊 如果能提高價值，相對價值也會變高

我想應該很多人都曾經覺得，如果品質和服務能令人接受，那麼付一點錢也沒關係對吧。

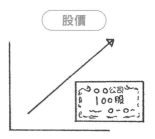

股價

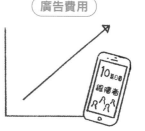

廣告費用

技術費用

對於企業的期待若較高，那麼
1股的價值（股價）也會提升

如果是非常多人觀看的網站，
那麼想必廣告效果也比較好

經驗豐富的人才和經驗尚淺的
人才，技術費用是不同的。舉
例來說，美容師的組長收費就
比新人來得高等等

🖊 購買時間的方法

這個世界對每個人很公平，大家都是1天24小時。相對來說，沒有人能夠使用更多的時間。有些時候
請不妨考量一下，和上司商量過後，支付相對代價來取得協助。

■ 計算時薪的範例

舉例來說，如果以年薪300萬日圓的人每天工作8小時、一年工作250天來計算的話，可使用下列算式得知每
小時大約的時薪金額。

$$\boxed{\begin{array}{c}\text{年薪}\\ \text{300萬元}\end{array}} \div \boxed{\begin{array}{c}\text{勞動天數}\\ \text{250日}\end{array}} \div \boxed{\begin{array}{c}\text{勞動時間／日}\\ \text{8小時}\end{array}} \times \boxed{\begin{array}{c}\text{公司經費}\\ \text{1.5}\end{array}} = \text{2,250日圓}$$

■ 以計算出來的時薪為準來計算費用範例

接下來就以計算出來的時薪為基準，估算由此人執行該項工作8小時所需花費的相對價值。

$$\text{2,250日圓} \times \boxed{\begin{array}{c}\text{實際工作預測時間}\\ \text{8小時}\end{array}} = \text{18,000日圓}$$

○外包費用比這個金額低
○時間差不多或者更短

這樣的話，外包還比較划算！

🖊 全新附加價值的範例

不要抱持自己只是做行政、並非企劃部門等想法，請好好
檢視一下自己的工作吧。

提高自己的價值

經理・40歲

拿鐵拉花藝術

使用奶泡在拿鐵上
畫出愛心或葉片的
圖案，不僅令人意
外也很讓人開心。

不可或缺的 N 次貼便條紙

這是在開發強力黏膠的途中誕
生的，因為做出一種很容易黏
上也很容易撕下的黏膠，才發
展出做成便條紙的創意。

至今為止，我已經獲得許多與
工作相關的專業資格、也聽
了許多講座。這是為了提高自
己的價值。上課費用是一種投
資，我為了獲得知識而購買這
些時間。

增加工作以外的時間

工作休眠模式充實才能在工作模式時發揮效用

業務以外受到的刺激 活用在工作上

對於社會人士來說，如何度過工作以外的時間也非常重要。當然處於工作休眠模式的下班時間要怎麼過，完全是個人自由，但怎麼度過這些時間，卻會對工作上的生產力產生很大的影響。

最重要的，就是好好的讓自己恢復精神。如果整天渾渾噩噩度日，反而可能讓疲勞殘留在身上，結果對工作模式時的表現產生不良影響。另外，如果將工作帶回家裡持續工作，這樣既不會提高生產力，也無法產生全新觀點。請暫時放下工作的事情，沉浸於自己的興趣當中，或者動動身體，也可以與其他人見見面。在工作休眠模式的時候遇到的人或者資訊，不知為何竟然對工作產生幫助，我想已經有一些經歷及業績的社會人士，應該都有過這種經驗。而這正是要切換成工作休眠模式狀態才能辦到的。適當休息讓自己重整旗鼓，就能從工作以外的地方獲得刺激，並且以各式各樣的形式來對改善工作及提高效率起到助益。

下班之後的度日方式 能讓人獲得全新觀點

這並不僅限於休假日的度日方式，下班之後的時間運用也包含在內。請積極參與非工作的預定吧。舉例來說，可以去學語言，或者參加不同行業的交流會、講座等等；也可以安排與學生時代的恩師、朋友、家人或者戀人吃個飯。只要不違反公司規則，那麼安排個副業也不錯。這樣能讓人獲得與平常看事物不同的觀點，拓展視野以後對原先的工作產生幫助。如果是以個人事業作為副業，那麼也能夠學習到經營者的思考方式。

只要安排了下班後的預定 就會自行努力調整上班時間

一旦安排了下班後的預定，那麼自己就會想辦法努力在時間內完成工作。雖然得向周遭的人說一聲，時間一到就會下班，不過藉由告知大家這件事情，也會讓自己在心情上更加確定要在時間內完成。請好好調節工作模式與工作休眠模式之間的一張一弛，提高原本工作的生產力吧。

有副業的人＆想做副業的人比例

目前「工作方式改革」中的一環就是希望促進副業、兼差的普及。現況是就算想做副業，實際上能做到的人還是偏少。

■ 不同雇用形式的副業者比例及希望做副業者比例推算

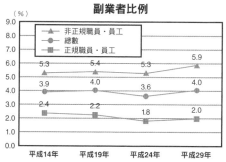

出處：「平成29年就業構造基本調查」總務省統計局

Q&A

這種時候該
如何是好？!

因為是自由業，很難區分公私時間

以自由業來說，如果不好好管理工作時間，就很容易陷入接下太多工作，又或者是花費比預想還多的時間。請先決定好休假日期，並且要讓其他人知道，另外對於交期也要有較寬裕的時間才能接案等等，請努力管理時間。

可以自由去做副業嗎？

有些公司會規定不可以從事副業。舉例來說，這是由於有些工作可能會導致公司利益受到損害，或是副業的工作到半夜導致白天的正職有困難，甚至是可能造成公司信用下滑等等。請向公司相關部門確認。

以休閒活動學習

經理・40 歲

所謂休閒活動，是指為了療癒工作疲憊而進行的休養活動。似乎是由re（再次）＋creation（創造）組成的一個詞，也就是原意是再創造。我不經意知道這個詞彙的由來以後便覺得，雖然假日和朋友見面、去唱唱歌之類的紓解壓力也不錯，但是應該也要去學習些什麼東西，打造出一個再創造的時間才對。

活用通勤時間

講師・34 歲

我每天早晚花1小時搭車通勤。因為滑手機很方便，所以就會看看別人的部落格、或者用LINE和人閒聊等，但後來考量到1天有2小時可以好好利用，後來就改為使用Google Alert來有效率地查閱自己有興趣的新聞。

工作時間自己決定

將時間耗費在自己
被分配到的工作就NG

就算想在短時間內高效率提高生產力，人類的集中力也不可能持續好幾個小時。當然這其中也有個人差異，不過一般來說集中力持續時間大約在45～50分鐘就是極限了。

近年來的研究資料指出，重複「集中52分鐘後休息17分鐘」的循環是最能提高生產力的時間利用。

現在必須減少長時間勞動，在一定的業務時間內提高生產力，因此就算是新人也必須在一定時間內交出成果。如果只是將所有時間都耗費在自己被分配到的那些工作，那麼是不會有所進展的。為了要在短時間內將所有該做的事情做完，理解人類的架構之後將其納入工作規劃之一也是用心的一種。

取得適當的休息
提高集中力

這裡希望大家能多加注意的，就是這並非單純把作業時間切成一小段一小段，而是要試著在規範的時間之內，把決定好要做的項目都做完。這個瞬間爆發力就與集中力息息相關。換句話說就是在1天當中設下許多截止時間。一旦設定截止時間，就能夠為了要配合那個截止時間，然後經常休息也能夠讓身體在疲勞累積起來之前先恢復。集中力高的狀態在1天當中斷斷續續地增加，這樣就能提高

1整天的生產力。

為了要讓這種做法能夠成功，有兩個非常大的重點。首先，一定要好好切換。休息的時候連看個電子郵件都NG。休息中絕對不可以碰

任何有關工作的東西，還請留心一定要好好切換工作模式和工作休眠模式才行。

製作待辦清單
決定優先順序

接下來就是製作待辦清單（222頁），寫下來所有應該要做的事情，配合時間區段來切割作業內容，這樣要評估作業時間就會比較輕鬆了。如此一來會比較容易排出作業時間表，也能正確設定工作的優先順序以及目標。由於預估以及實際作業的誤差也比較容易掌握，要小做調整也很簡單，這樣應該就能夠非常有彈性地架構出自己的工作方式。

調整工作

雖然說盡量不要加班，但有時候工作上面因故很難辦到。就請大家盡量調整工作與休息的張弛來好好工作吧。

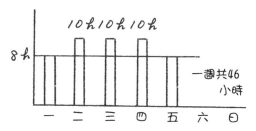

一週共46小時

如果知道這週是在週間比較忙碌，那就可以預先將時間排成差不多的樣子。

製作待辦清單

請寫下所有以1天、1週為單位必須做完的事情。
也可以配合私人事情一起寫出來。

5月16日（二）

☐ 製作給A公司的報價單
☐ 請課長確認要給B公司的提案
☐ 13:00開會（陪同課長）
☐ 確認C公司、D公司傳來的報價單
☐ 安排E案件的時間表

下午1點進行中途確認 →

5月16日（二）

☑ 製作給A公司的報價單
☐ 請課長確認要給B公司的提案
☑ 13:00開會（陪同課長）
☐ 確認C公司、D公司傳來的報價單
☐ 安排E案件的時間表

非做不可的事情如果似乎無法在下班之前完成，那麼也可以試試不加班就解決的幾種方案。

· 加快速度？
· 調整時間表，安排到明天？
· 請其他團隊成員協助？

團隊共享資訊並互相幫助

如果公司裡有白板可以確認出缺席等，那麼也可以把離開公司的時間寫在白板上。對自己來說，這樣工作的時候會有種緊張感，周遭的人也會幫忙盯著。

課長	● 17：00
田中	● 18：00
山本	● 19：00
白井	● 16：00
根岸	● 19：00

← 寫下預計離開公司的時間

啊，我有事情要問田中先生，得在16點之前把資料弄好才行。

咦？
都過16點了，白井先生怎麼還在。怎麼了嗎？

決定優先順序的訣竅是「緊急度」、「重要度」、「步驟」

為了要提高工作生產力，最重要的就是確實做好時間管理。為此，如同177頁所敘述的，必須將所有應該做好的事情都寫出來，並且為這些事情排列優先順序。

那麼，優先順序究竟應該如何決定呢？一般會使用「緊急度」、「重要度」以及「步驟」為排列主軸。

緊急的工作當然必須要先執行，重要度高的工作也得先做。如果太晚做重要的工作，很可能會導致沒有充分檢查、評估的時間，反而可能化為泡影或白費工夫。

另外，最容易出現盲點的就是「步驟」。舉例來說，如果你手上要做的文件，必須要先從其他部門拿到資料，那麼就算想先來製作這份

文件而請其他部門提供相關資料，但這樣在等資料的時間就白白浪費掉了。因此在做緊急的事情或重要的事情之前，千萬不能遺漏任何得要先完成的事情。

優先順序就請上司或前輩來檢查

決定優先順序之後，可以在早晨的會議進行報告等，請上司或者前輩幫你檢查一下。在經驗還不夠的時候，很可能對哪件事情緊急、哪個事情重要做出錯誤判斷。上司會以一個比部下還要高且遠的觀點綜觀整體業務。首先最重要的是將自己思考得出的優先順序報告給上司。接下來再聽從上司或前輩的建議，然後修正待辦清單吧。

客人排第一公司內部其次

最不能弄錯的，就是優先次序並非配合自己或周遭，而是要以客人為優先。為此，就要思考對於公司來說，什麼事情的優先順序比較高。由於容易在公司內接觸到的業務比較容易進入視線，因此很可能會覺得這些事情的緊急性比較高，又或者覺得是比較重要的工作，但真正應該重視的其實是客戶。還請千萬不要弄錯這個順序。

決定優先順序的2個主軸

工作有兩種情況，一種是必須馬上處理的，另一種則是先著手處理的效果比較好。以下就以2張圖標示出的2種主軸，來計算優先順序。

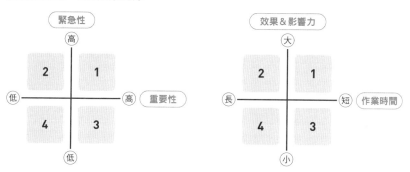

■ 要排列優先順序，絕對不可或缺的是掌握所需時間

待辦清單	所需時間	截止時間	優先度
☐ 甲 ○○○○○ —	20小時	5/15✎	④
☐ 乙 ○○○○○ —	3小時	今天內	①
☐ 丙 ○○○○○ —	45分鐘	明天內	②
☐ 丁 ○○○○○ —	4小時	5月中	⑥
☐ 戊 ○○○○○ —	2小時	5/20✎	⑤
☐ 己 ○○○○○ —	1小時	明天內	③

架構時間表 →

5月

8日	9日	10日
甲	甲	甲
丙	戊	丁
己		

> 只要知道優先順序和截止時間，那麼架構時間表的時候也不會太過迷惘，也不容易弄錯。

Q&A
這種時候該如何是好？!

雖然知道要把客戶擺第一……

就算腦袋裡知道要把客人擺在最優先，但很可能一不小心就先去處理公司裡比較輕鬆的工作，或者喜歡的工作，以能夠順利工作為優先。為了不要弄錯優先順序，要謹記不是只有第一，而是還有第二。也就是說，客戶第一、公司第二。只要加上第二，就會讓與客戶相關的工作必須最為優先這件事情更加明確。

將重要的工作處理完

集中力高的早上

世界上所有人1天都是24小時，而不同的使用方式對於工作成果會產生偌大的影響。1天當中，有集中力高的時間帶以及集中力下降的時間。在製作待辦清單、思考工作分配的時候，也請試著將這件事情列入考量，來分配自己的工作。

1天當中，集中力最高的就是上午。請以上午要將優先順序最高的工作做完的打算，來開始一天的工作。只要從優先順序高的工作做起，那麼剩下的就是比較沒那麼緊急，或者沒那麼重要的工作。當中通常不包含必須在今天之內要完成的工作。也就是說，是不需要加班做完的工作。時間一旦到了黃昏，當然工作的效率也會下降。這樣的

話就像174頁當中提出的，準時下班，將時間用來學習或者與家族相處，還比較有益。

以15分鐘為單位來安排預定 集中力就能持續

在思考工作分配的時候，很容易就因為方便起見而以1小時作為區隔單位。但是並不太建議使用1小時為單位。如同在176頁當中做過的說明，這是由於人類的集中力無法持續1小時。因此可以切得更細一些，以15分鐘為單位來設計工作內容，反而能讓集中力一直持續下去。輸入工作15分鐘、檢查文件30分鐘、製作企劃書要花45分鐘，以類似這樣的方式將工作以15分鐘為單位來規劃。尤其是上午，集中力比較容易持續，因此也可以30分

鐘、45分鐘接連做下去。

會議辦在傍晚時段45分鐘內 有減低閒聊及離題的效果

原先拖拖拉拉要花1小時才能做完的工作，只要想著必須在45分鐘之內完成，那麼單純以1天上班8小時來計算，也會多出（60分鐘－45分鐘）×8等於120分鐘（2小時）。如果原先需要加班2小時左右，那麼只要使用這個方法就可以準時下班。開會也只要將時間設定在傍晚的45分鐘之內，就能減低閒聊以及減少脫離議題的情況，而能準時結束。在什麼時間做什麼事情，會對1天的生產力有很大的影響。

打造集中時間的方法

為了要在集中力高的上午做密度較高的工作,可以在下列事情多費點心。

• 不要接電話

決定每天負責接電話的人,其他人都不要接電話。另外,除非是緊急電話,否則也採取下午才開始回電的方式。

• 不要檢查電子郵件

早上最一開始確認過有沒有需要緊急處理的事情以後,到下午為止都不要再檢查郵件也是方法之一。

• 不要去找人

這個時間帶請不要做報告、聯絡、商談事項。為此,在早上的會議時間一定要確實共享資訊。

• 對於不可以放他獨自一人的新人

如果有新人需要有人對他下指令的話,可以每隔30分鐘叫他,或者是一起工作、不要放他一個人。

因為「沒時間」所以無法執行的工作,優先度較低

為了要使工作更有效率,可能會考量工作的優先順序、改掉先前的習慣等等,會有一些令人感覺麻煩的事情,因此就很容易推拖「因為沒有時間」就放著不先做。但是,提高效率是非常重要的任務。

 第 1 天

今天有兩個文件提交的期限,其他工作都明天再做吧

 第 2 天

昨天有沒做完的工作,那件工作就晚點再做好了

 第 3 天

我知道那件事情非常重要,但是工作量太多了我無法思考

> 先考量提高效率的問題,之後就會變輕鬆了!

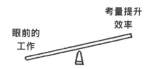

以多出來的短時間讓眼睛休息

經理・40 歲

以15分鐘、30分鐘為單位工作,如果還剩下1～2分鐘,我就會把眼睛閉上讓眼睛休息一下。因為眼睛一直看著電腦螢幕的藍光非常疲憊,所以就算是1小時只要把眼睛閉上休息1分鐘,也能讓我在做下一個工作變得更有活力。

■ 修正調整時間表的方法

不太擅長工作分割的人,請比較一下自己的日報表和前一天排好的預定,然後檢查是哪邊出現誤差。如果是經常疏於確認而造成工作出紕漏的人,那麼就想辦法避免這些錯誤吧。若是因為上司或客戶時常不斷改變意見而令你感到困擾,那麼就更加密集地確認、又或者是把這些時間也列入考量來規劃時間表吧。

精細劃分減輕負擔

分解「困難」

重要的工作很複雜
對於心理造成的負擔也較大

就算知道最高原則是先做緊急度高的工作、重要度高的工作，也不一定就能照心中所想的順利進行。

越是重要度高的工作，就很可能量很多、很複雜，又或者是非常麻煩的東西，所以就很容易先去做一些很輕鬆就能完成的工作。結果重要的工作反而被丟到後頭，壓力又更大覺得難以下手……這種經驗，我想大家多多少少都是經歷過的。

只要依照步驟切割開來
就會變得比較好著手

這類困難的工作，建議將它分解之後再來執行。大的工作就依照步驟來切割。不管是多麼大的工作，

應該都會有執行的步驟而能夠切割成幾個不同的階段，就請試著配合這些階段來切割工作吧。不論是藉由時間分配上、待辦清單上，或是視覺上的分割，都能將繁重而困難的工作改變成容易下手的小單位集合體。

無法以步驟切割的工作
就用花費的時間來切斷

如果是過去曾經做過的工作，那麼切割起來應該比較簡單。舉會計結算為例來說，就可以切割為「①結算（取得餘額證明）、②結算（確認應收票據）……」等等。如何？這樣是不是比待辦清單上只寫了一個「結算」要來得心理負擔減輕許多，也會覺得只要先去做①就好了對吧。

如果是第一次接觸的業務，對於步驟並不是那麼熟悉而實在不知道該如何切割的話，那麼將預計工作的時間直接以15分鐘為單位切割開來，也是個辦法。舉例來說，預計花費45分鐘來寫業務企劃案，那麼就切割成「①業務企劃案（1）15分鐘、②業務企劃案（2）15分鐘、③業務企劃案（3）15分鐘……」。

原本是要花費45分鐘才能刪掉的待辦清單項目，只要做了15分鐘就能刪掉一個，也會有成就感。重點就在於能夠將工作切割成多細的項目。請將能夠去除的心理負擔通通去除之後再著手工作吧。

將工作切割細分化

如果是很大或者很困難的工作，那麼就試著分解為小單位吧。原先只能呆呆在那兒望著一個大方塊不知所措，如此一來應該可以看清楚該從哪個步驟著手、角色分配又該如何進行等等。

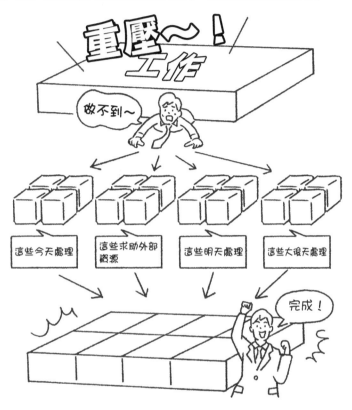

業務‧28歲

精密劃分開發內容

在我進公司半年左右，上司命令我要開發自己負責區域的新客戶。一想到我是不是得到處突擊推銷，就覺得提不起勁。但我和前輩商量之後，對方給了我一份也許能夠擺放我們公司商品的商店清單，告訴我可以試著想想能勝過競爭商品的廣告標語，打電話預約之後再過去拜訪等等。我覺得如果這樣也許我能辦得到，就試著安排前往沒有交易過的店家。試著去做了以後也發現了自己的課題，這對於我日後的行動也都產生了回饋。

■ 製作待辦清單的注意事項

在製作待辦清單的時候，如果把①確認銀行存摺內容、②到銀行申請餘額證明、③到神樂坂現場巡視，等等詳細工作內容都寫進去的話，光是要做清單就很累了。做待辦清單重視速度，如果自己看得懂，那麼寫得簡略些也沒有問題。以上述例子來說，只要寫①C、②B／K、③KGP就可以了。

時間的營造方式　其1
交給別人

有一句諺語說「Time is money」。這是致力於美國獨立、以實驗證明了雷是一種電力而聞名世界的班傑明‧富蘭克林所說的話。這句話的意思是「時間就是金錢」，但事實上，時間的價值比金錢還要寶貴。失去的金錢可以想辦法取回，甚至是增加，但是失去的時間是無法拿回來的。

所有人的1天都是24小時，無法增加或者減少。即使如此，還是能夠不使用自己的時間便做好要做的事情。只要交待給其他人就好了。

只有你自己才會想著「這件工作非我不可」。當然，並不是為了自己輕鬆才將工作交給別人。如果能夠交代給晚輩或者同事的話，你原本必

須花掉的那些時間，就能夠拿來處理必須優先執行的工作，這樣才能夠提高團隊的生產力。

但是，有個很重要的前提是你必須信任對方，才能將工作交給他。是否已經建立與後輩或者同事之間的信賴關係，在這時候就會浮現出來。另外，交待工作也是培養後進的一環。為了要能夠正確下達工作指示，自己必須對該件工作有充分的理解，而教導他人也能夠使自己的理解更為深刻。

時間的營造方式　其2
試著整理工作

另外，經常會發生團隊之內執行了重複的工作，導致白白浪費工夫的情況。舉例來說銀行補摺等，與其各自進行，還不如集中交給同一

個人去做，比較不會浪費時間。

時間的營造方式　其3
試著暫停

即使是已經非常習慣的一連串行為，也可能會有浪費時間的動作在其中。因為習慣是理所當然，就很難發現，因此可以向還沒有養成習慣的年輕人詢問相關意見。如果判斷出這是浪費時間，就算是長久以來的習慣，也應該要下定決心廢除。

只要試著像這樣重新檢視平常的工作內容，那麼能夠使用的時間還有機會繼續增加。

⬡ 營造時間＝開拓工作廣度

無論處理工作有多麼快速，都還是有一定的極限。可以交代給後輩或者交由外包處理等，空出自己的時間，這樣就能夠打造出開拓自己工作廣度的機會。

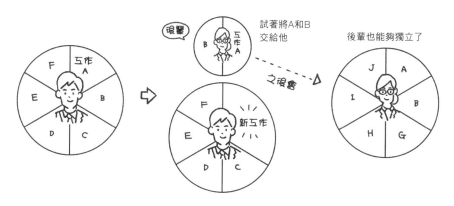

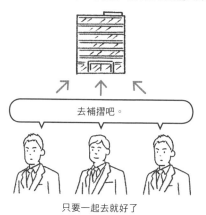

NG

- 因為是長久以來非常信任自己的客戶
- 只有自己才懂怎麼做
- 年輕人還不行
- 讓他去做萬一失敗就糟了

OK

- 除了先前的優勢以外，也能夠加入嶄新的觀點
- 流程步驟是工作的共享財產
- 一起做一陣子來培養他吧
- 做到一半一定要確認一下

⬡ 這種地方也會有浪費

就算是小地方，累積在一起也會變成龐大的浪費。

白白發呆空等…

我得要做得很完美才行。

可是其實你弄錯了……

去補摺吧。

只要一起去就好了

並不是開會浪費時間
而是錯誤方式浪費時間

工作基本上就是要人與人面對面進行的，這種思考方式頗為深植人心。當然溝通也是非常重要，這確實無庸置疑，但如果目的成了只是要「面對面」的話，那就本末倒置了。

某間公司為了要減少加班情況，因此調查每個員工花費多少時間在什麼工作上，重新客觀審視之後，發現上班時間當中有30％都耗費在開會上。還有因為會議安排在早上舉行，如果之後沒有特別安排事情的話，會議就可以延長，於是經常導致會議無法準時結束。

會議原本是為了要傳達訊息、討論或者統一看法而舉行的。這件事情的存在本身並不會造成白費工

夫，通常都是會議的執行方式造成浪費時間。

共享會議目的，
使大家能集中討論

請觀察是否由於閒聊或者脫離主題導致浪費時間；又或者有並不需要在場的人也出席；如果只是分享資訊，是否可以使用電子看板即可等，經過嚴苛審視之後，應該可以減少浪費的時間才是。

會議會耗費多餘時間的理由還有一個，就是有許多人在不知道集合理由的情況下就去開會。請務必事前共享開會議題、確認會議方向性之後，集合大家交換意見。下點工夫打造出這種環境也是必須的。

**事前共享資訊，
大家帶著自己的
想法集合**　企劃・26 歲

我們公司會在開會的2天前使用電子郵件告訴大家開會的議題內容。這樣一來，就可以在公司內部做調整，順利的話連外部的報價都能準備好，再去開會，這樣討論起來就很快。

**為了不要浪費時間偏離
主題，公告會議就站著
舉行**　業務・28 歲

以前我們都在上午舉辦以公告事項為目的的會議，但如果出現了懸案事項，就會開始討論起來，結果整個上午就這樣憑空消失。現在我們則以30分鐘為單位站著開會。有懸案事項就另訂其他會議或者經由線上討論來處理，藉此縮短開會時間。

司儀、會議紀錄當天的角色

由各自的立場來看看從會議開始到結束為止的流程。

會議開始 → ・確認議題 ・共享目的 → ・提出意見、共享公告資訊、決定結論…等 ・確保時間依原定計畫 → ・依目的來整理出各自意見 ・整合結果 → ・回答問題 ・明確釐清負責人員 ・提出下次行動預定 → 會議結束

會議是為了PDCA循環

會議並不是浪費時間。請在會議上執行需要循環PDCA的東西。

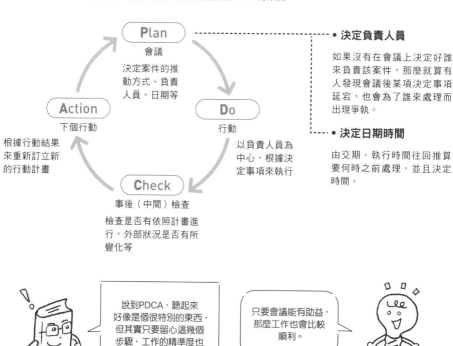

Plan
會議
決定案件的推動方式、負責人員、日期等

Do
行動
以負責人員為中心,根據決定事項來執行

Check
事後(中間)檢查
檢查是否有依照計畫進行,外部狀況是否有所變化等

Action
下個行動
根據行動結果來重新訂立新的行動計畫

● **決定負責人員**

如果沒有在會議上決定好誰來負責該案件,那麼就算有人發現會議後某項決定事項延宕,也會為了誰來處理而出現爭執。

● **決定日期時間**

由交期、執行時間往回推算要何時之前處理,並且決定時間。

> 說到PDCA,聽起來好像是個很特別的東西,但其實只要留心這幾個步驟,工作的精準度也會改變唷。

> 只要會議能有助益,那麼工作也會比較順利。

有朝氣的問候、早會共享資訊
轉變為充滿活力的部門

川口奈美小姐(假名) 32歲 女性

川口小姐在大型家電製造商工作，調職到總務部並升任課長。

「新的部門大家都非常認真，但是不會互相打招呼，只是默默地做著自己的工作。令人覺得有些欠缺活力。」

為了要改變這樣的氣氛，川口小姐提議舉辦部門內研習。首先是電話應對以及遣詞用句。這是基本中的基本，就先從能夠大聲打招呼做起。一開始大家都覺得很害羞，但逐漸終於能夠發出聲音。在這個時候，就已經能看見大家難得一見的笑容，不過為了要能夠保持下去，因此她又推動在早會的時候各自以口頭報告自己的工作內容。就只是這樣的行為，逐漸地整個部門的氣氛都有所變化，川口小姐自己也非常驚訝。

「以前大家只是各自低頭做著自己的工作，對於其他人在做些什麼事情，應該是完全沒有概念。但是現在只要聽說了對某個人有利的資訊，也會告訴那位員工，很自然地轉變為這種互相協助的體制。因為互相關心對方，所以整個部門都變得比較有活力。」

職場上溝通情況較為活潑，工作就能順利進行。現在總務部似乎正打算要與其他部門也多加聯繫。

Chapter **8**

更好的關係

推動工作的時候，只有自己努力的話是無法順利前進的。
為了要能取得周遭的協助，還請多多努力。

經營理念形成主軸
行動方針就不會偏頗

你說得出自己任職公司或者組織的「經營理念」嗎？不用一字一句毫無偏差，只要能用自己的話語說出意思就可以了。所謂經營理念，是指希望透過經營活動來實現的信念、理想。這是將一間公司或者組織重視什麼事情、目標為何化成語言。

員工如果都能把「經營理念」化為自己的一部分，那麼行動方針就不會有任何偏頗。這是由於公司內部的共通意識能夠形成一個「主軸」，就不容易有誤差發生。公司或者組織當中有各式各樣的人、擁有五花八門的價值觀，因此只要有一個主軸，那麼由於價值觀相異或者前提條件不同下產生的溝通錯誤就

藉由共享目的
提高工作動機

在大多數的場合當中，工作大多會被處理為分工進行，但是你做著自己的工作時，是否有思考過這些工作會連向何方、最終會給予社會什麼樣的影響呢？以比較簡明易懂的例子來說，請想像一下疊磚頭的工作。如果在疊放磚頭的時候就知道自己要做的是什麼東西，而且也明白完成的東西能夠對眾人有什麼樣的幫助，然後再來疊磚頭，是不是比較有工作意願呢？

這個「完成的東西」或者「對眾人有什麼樣的幫助」正是企劃的目的。如果目的能夠深植人心，那麼

會消失。藉由共享理念，就能夠打造出一群朝向共同目標努力的夥伴。

就算每個人的工作內容都不一樣，也會有著共通意識來進行這份工作。

下班前開會確認
確實做好PDCA循環

應該有許多公司早上開會是為了共享各自工作內容，但是下班前開會來確認大家的進展，也會對於共享意識有所幫助。訂立工作計畫並且執行，檢查是否有不足之處並加以改善。只要好好做到這個PDCA循環（187頁），那麼共享的目的也能夠更加深植所有員工內心。

共享目的

不管是公司員工或者自營業，工作都是由複數人員進行的。如果能夠共享最終目標，那麼中途就算發生了無法預期的事情，也能夠朝著目標前進。

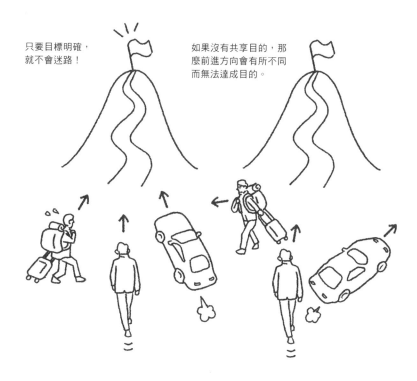

只要目標明確，就不會迷路！

如果沒有共享目的，那麼前進方向會有所不同而無法達成目的。

■ **何謂經營理念**

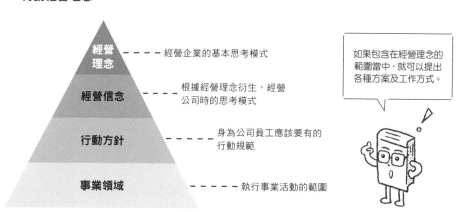

經營理念	經營企業的基本思考模式
經營信念	根據經營理念衍生，經營公司時的思考模式
行動方針	身為公司員工應該要有的行動規範
事業領域	執行事業活動的範圍

如果包含在經營理念的範圍當中，就可以提出各種方案及工作方式。

縮短團隊內的距離

加入單純曝光效應
使團隊內更加圓融

負責業務的人，平常就算沒有什麼特別的事情，也經常會去拜訪客戶，這是由於增加見面次數能夠縮短與客戶之間的距離、使得關係更加親密的關係。接觸的次數越多、印象就越好且好感也逐漸提高，這是由於「單純曝光效應」造成的。

它是由美國的心理學家羅伯特・扎榮茨（Robert Zajonc）所提出的心理學作用，又被稱為「熟悉定律」。

在需要密切溝通的團隊當中，怎麼可能不使用此一定律呢。只要互相接觸的次數增加，就更容易對彼此有好感、在工作上也比較容易建立互相協助的關係，有共同目的一起努力，也會變得比較容易工作。

早晨會議
共享工作內容的效果

尤其是早上的會議請用心進行。

如果工作內容的共享情況不足，那麼就很可能會出現工作方向偏差，或者由於誤解及一心自認等問題產生誤差，造成應該要推動的工作白白浪費時間。早上的會議可以互相確認確定沒有任何遺漏，也能夠互相幫忙補上不足之處。另外，在集中精神工作的時候如果有人搭話，很容易就會注意力渙散，因此在早上的會議時就先告知周遭的人自己的工作內容、以及進行方式等，就可以避免這種狀況發生。

面對上司和同事都加深
對彼此的理解

以溝通來說，最重要的就是相互理解。如果能夠盡量理解對方，那麼就能夠才適所分配適合的工作，也可以減輕職場內人際關係造成的壓力。這是不分上司與部下之間的。有不少人傾向於討厭職場上的「喝酒溝通」，但這對於增加與上司見面的機會、達成單純曝光效應也是非常重要的。除了上司以外，如果能夠比較喜歡一起工作的夥伴，那麼對於工作的意願也會提高。而如果能得到眾人對你的好感的話，也會對你的工作有所幫助。

活用彼此的個性來推動工作是最理想的情況。

單純曝光效應

企業、組織都是由人組成的集團,對於其他人抱持好感或安心感是首要步驟。

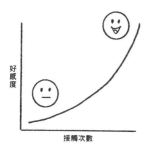

好感度 / 接觸次數

<範例>
- 看過許多次廣告以後,會覺得東西看起來似乎不錯
- 每天早上在公車站見到的人,會覺得好像認識對方

就算只是打聲招呼,每天早上都打招呼的人會給人比較親近的感覺。

早上開會的優點

每天早上開始工作以前,先確認團隊的行動以及工作的進展狀況,就可以省去不必要的工夫、也能減少錯誤。

• 今天業務內容 • 業務進展狀況 • 問題報告 • 下週之前的事業報告	×	• 決定時間 • 不要使用電子郵件或者聊天工具,而是直接見面

= 縮短團隊內彼此間的距離、共享資訊、推動工作

即使面對公司外部的協助者,也盡量多使用電子郵件報告工作進展　編輯・24歲

從企劃案開始進行以後,我會每週發一次給暫時還不需要進行作業的自由作家,向他報告整體進展狀況。這樣一來,我想他應該會覺得自己也是團隊成員。

企業執行促進溝通活動的範例

• 自己來

有個能夠自由使用公司準備好的食材來做料理的廚房,能夠依照其他人投稿在COOKPAD網站上的食譜來做午餐等。(COOKPAD公司)

• 生日宴會、工作 Bar

聚集同一個月生日的人開生日宴會,每個人發放大約3000日圓的補助;如果有五個人以上而且聊工作的事情的聚會,提供每個人1500日圓的餐飲補助。(Cybozu, Inc.)

理解職位與階級

請將自己當作高一階職位來工作

在日本的企業當中有各式各樣的職位。職銜高低在不同公司或者組織當中可能會有些許差異，不過幾乎所有職位都不存在橫向同等的關係，而是一個職位就明確表示了與其他職位的上下關係。這種階級制度（金字塔型）的關係，正好就表現出由上而下的指令系統。工作的時候也必須經常將這種上下階級關係放在心上。如果無視這個金字塔，那麼指令系統就會錯亂。

在過去的時代，終身雇用以及年功序列（譯註：指在同一間公司中工作越久，職等就會照時間往上升）是理所當然，因此沒有什麼大問題的話，只要過了一定的年份，就一定會往上升一級。現在則大部分與

員工的年齡沒有什麼直接關係，只要能力強就有可能會被拔擢。雖然出人頭地不是工作唯一的目的，不過把人認可而提升職位當成是自己的工作動機，也沒有什麼不好的。

另外，不管是哪個階級，如果能夠在工作的時候，把自己當成更上一層階級的人來進行，那麼就能夠在觀看事務的時候，獲得原先並未發現的觀點。如果你是新進員工，就想想想「如果是主任，他會怎麼解決這件事情？」；如果是科長，就想想「如果是課長，會怎麼告訴身為部下的我？」等等，請將自己的思考放在上一個階層。即使是相同的事實，只要立場不同、看法也會改變。體會到這點以後，就比較容易發現問題點或者自己不足之處，那麼在解決問題的時候也會比較輕鬆。

🧭 不具上下關係的扁平式組織

所謂扁平式組織，是指不設置管理階級或者領導人的平面型組織型態，也沒有所謂的職稱或階級。特徵是由個別的考量及意志決定工作分配，每個人站在平等的位置上完成自己的工作。

優點	缺點
• 強化各自的主體性。 • 沒有上下關係的壓力。 • 可以快速以自己的想法決定。 • 自由度高。	• 沒有由上而下的命令系統，因此很難控制整體維持在一個組織的樣貌 • 發生問題的時候，會由單獨一人承擔，負擔很大。 • （190頁）中提到的「共享目的」會變稀薄。 • （192頁）中提到的「縮短團隊內的距離」很困難。

職稱速記

不同組織會有相異的情況,以下大致介紹一般企業會使用的金字塔階級。

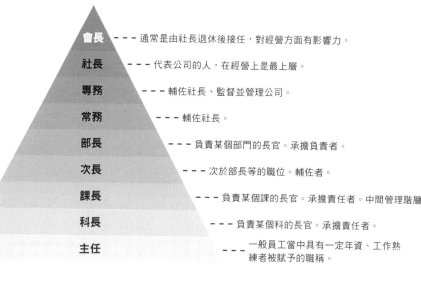

會長 - - - 通常是由社長退休後接任,對經營方面有影響力。

社長 - - - 代表公司的人,在經營上是最上層。

專務 - - - 輔佐社長、監督並管理公司。

常務 - - - 輔佐社長。

部長 - - - 負責某個部門的長官。承擔負責者。

次長 - - - 次於部長等的職位。輔佐者。

課長 - - - 負責某個課的長官。承擔責任者。中間管理階層

科長 - - - 負責某個科的長官。承擔責任者。

主任 - - - 一般員工當中具有一定年資、工作熟練者被賦予的職稱。

■ 何謂董事會

在經營公司方面有權力決定方向的機關。由會長、社長、專務、常務、外部董事等構成。所謂外部董事是指選擇與公司沒有利害關係的第三者來就任董事,以達到強化監督的目的。

■ 何謂代表權

代表公司執行對外締結契約等事項的權利。董事代表就是指具備這個代表權力的董事。

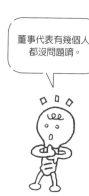

董事代表有幾個人都沒問題嗿。

主要的英文標示職稱簡寫

在外資企業或者有全球性活動的企業當中,經常會採用下列職稱。

CEO(Chief Executive Officer)	最高經營負責人
COO(Chief Operating Officer)	最高執行負責人。實質上的負責人
CFO(Chief Financial Officer)	最高財務負責人
CAO(Chief Administrative Officer)	最高總務負責人
CLO(Chief Legal Officer)	最高法務負責人
CCO(Chief Compliance Officer)	最高法規負責人

只「打算自己知道就好」是NG的
明確提出指示與委託

工作會緩慢的原因
問題在於下指令的方式

如果向部下、同事或者外包工作人員下指示以後，工作卻老是無法按照預定進行，那麼就可以懷疑是由於下指令的方式出了問題。也許有人會覺得「不懂指令內容的話，只要確認就好啦？」但是如果有明確的指令，就可以釐清有問題的地方及確認事項；但若指令模糊，可能連究竟何方才是正確目標都摸不著頭緒。我想應該很多人都曾經體驗過那種上司好像是忽然想到什麼就叫自己做的指令吧。

指令不夠明確的情況，通常是下指令的當事者也沒有好好整理出內容，因此表達方式就會變得非常曖昧。不管下指令的對象是同事或者後輩，又或者交易對象等公司外部

的協助者，首先負責下指令的自己必須要徹底掌握作業內容並整理出頭緒才行。請思考工作整體的結構、明確排出要依照什麼順序執行哪些工作以後，再以合宜的順序安排告知對方。

使用數字或6W3H
具體表達客觀內容

舉例來說，在數項工作當中，你希望哪一項工作先完成，必須要讓其中的先後順序非常明確，並且要明確告知期限。指令內容必須客觀且具體。想到什麼事情就直接下指令的人，很可能在這些方面會讓人覺得十分模稜兩可。將6W3H都釐清，使用數字來下達具體指令，就不會有誤解或差池。

最重要的並非「告知」
而是好好「表達」

另外，活用業務流程表等物品來共享工作內容，也能夠對釐清指令並流暢執行業務有所幫助。並不是單純將流程表交給對方就好，而是需要互相確認流程表來下指令，然後對方再來提出確認的問題，採用這種階段式的方法，便能夠大幅降低誤解而產生錯誤的機率。

最重要的並非「告知」，而是要「表達」工作內容。請確認是否有好好表達內容，再來執行工作吧。

196

下明確的指令

由於指令難以理解，導致好不容易才做好的東西又要重新來過，那麼委託者或者執行者的時間與心血都會白白浪費。

委託時的檢查重點

- ☐ 告知整體樣貌
- ☐ 告知對方負責當中的哪個部分
- ☐ 告知交期、期限
- ☐ 告知處理方式
- ☐ （如果是公司以外的人）告知費用
- ☐ 告知負責人員（詢問窗口）

> 如果有人要委託你，那麼這些就是你該確認的事情囉。

■ 避免「說了還是沒說」問題

除了口頭說明以外，最好留下文件，或者請對方複誦一次重要的內容。就算有個萬一，最好也不要演變成各說各話、情緒化地把對方當成壞人。發生問題的時候不能推卸是誰的不好，而應該客觀看待事實，找出為何造成這類誤失的原因，並且盡力改善。

如果指令籠統仍繼續執行會如何？

對於自己來說理所當然的事情，對其他人來說卻並非絕對。很可能會發生工作內容過或不足的情況，甚至可能發展為交期或者金錢上的問題。

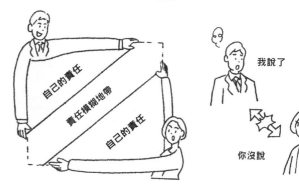

■ 使用 6W3H 下指令防止錯誤缺漏

①When（何時、何時開始）　②Where（在哪裡）　　③Who（是誰）
④Whom（向誰）　　　　　　⑤What（什麼事）　　⑥Why（為何）
⑦How（如何）　　　　　　　⑧How much（多少錢）⑨How long（花費多久時間）

為了要能夠有效率推展工作
請試著將其「結構化」

在每天的工作當中，有一些業務是會不斷重複進行的。舉個簡單的例子，收到訂單時要做的報價單或請款單、開會時的會議紀錄、寫給交易對象的謝函、下訂庫存用品、要遞交給負責會計事宜者的文件處理等等。雖然都是一些非常枝微末節的東西，但絕對不能夠有所輕忽。話雖如此，但如果用非常緩慢的速度來思考這些東西，那麼會耗費許多時間及勞力。

重複執行的工作，而且負責人可能會由自己交接到其他人手上的事項，非常建議將這些流程製作為手冊。能夠製作成一份手冊，就表示這件工作已經完全「結構化」。藉由將工作化為結構性事項，執行步驟

就不會有所缺失遺漏，也能夠更有效率地安全完成工作。另外，藉由將其結構化為手冊的過程當中，在言語方面也能夠更加完備，即使負責處理的人更換了，也能夠使用相同等級來處理此項工作。這樣一來交接也會比較輕鬆、只需要模仿前人的作法即可，工作會變得非常快速。

已經手冊化的工作
仍然需要隨機應變

但是，特別要注意的一件事情，就是工作如果單純「複製貼上」是沒辦法做好的。就算是已經結構化的工作，雖然只需要因循步驟就可以盡快將其處理完畢，但如果不用點腦筋只是一路照做下去，那就不能稱之為工作了。現在是什麼樣的

狀況、為何需要那樣的步驟等，都必須放在心上。在狀況有所改變的時候，是否能夠依照手冊上的步驟做正確的修改或者小調整呢？在工作上個人也必須要有能夠因應個別案例的能力。

手冊也有個人考量
必須經常更新

另外，就算有手冊在身邊，也必須要將改良手冊這件事情放在心上。如果打造出比原先手冊更加良好的流程，那麼要請向上司提出建言。如果對所有人來說都是件好事的話，那麼應該就會被分享給全公司。經過重複改良手冊以後，知識和經驗也會逐漸累積。

流程手冊製作方式

只要有流程手冊，就能夠有效率地執行工作。請確認以下重點。

Step 1 **要製作什麼樣的流程手冊？**
↓ 區分能夠製作成流程手冊，以及無法製作手冊的工作

Step 2 **是為了要讓什麼人完成什麼事情的手冊？**
↓ 要明確知道是誰、何時、要做什麼、為何執行的工作內容

Step 3 **掌握工作內容**
↓ 依照內容是做什麼、為何而做、要做到何時為止等，過濾出不同的工作內容

Step 4 **同時詢問相關人員**
這樣才能找出在Step 3當中遺漏的項目，又或者是沒有好好執行的項目

Step 5 **製作出流程手冊企劃案**
以Step 2為方針，整理Step 4當中收集的資訊，確定框架

Step 6 **製作流程手冊**
以Step 5為準，動手製作流程手冊

Step 7 **運用流程手冊**
根據完成的流程手冊來執行工作，確認是否有所缺漏、是否有不易了解之處。有發現問題就修正

■ 也要製作固定重複工作用的待辦清單

舉例來說，確認時間表、擦拭清潔桌面、倒垃圾等等，每天要執行的工作（固定重複工作）也可以全部寫在待辦清單上一覽無遺。

這樣一來，就能夠避免「缺失遺漏」。另外，也可以減少進行固定重複工作時花費在下決定或者思考的時間，具有降低腦部負擔的作用。固定重複工作用待辦清單可以一直影印使用，做好的項目就打個勾。

如果工作項目增加了就添上；不需要的話就刪除，請隨時更新工作項目。

清單範例

重複固定工作用待辦清單
登記行事曆
確認時間表
確認股票價格
確認訂單
存提款
確認短期優惠利率
擦拭清潔桌面
倒垃圾（二‧五）
平板充電

只要做成清單，就不用老是想著「現在該做什麼事情」了。

此時不要倚賴郵件較好

為了獲得信賴
而進行的溝通

現在工作當中使用電子郵件，給人一種理所當然的感覺，但是大部分的職場正式引進這項工具，是在大約2000年左右的事情。

也就是說，其實使用的歷史並不悠久，事實上也還有一定程度的人數對於使用電子郵件往來感到有所抗拒。的確有那種只需要使用電子郵件等魚雁往返，就能夠做完工作的外包系統，也就是所謂的雲端群眾外包；因此只要有正確的指令，以及做好報告、聯絡、商量的溝通系統，那麼的確有可能不見面就完成一件工作。但那種情況下，最大的前提就是互相認可。如果對方習慣使用電話而非電子郵件，那麼當然是配合對方使用電話往來會比較好。與其按照自己的習慣做事，不如選擇會讓對方安心的方法，比較能夠獲得信任，這樣一來工作也會比較順利。

事出突然或者
想表達細節

除此之外，也有些場合當中面對面會比電子郵件或者電話更具效果。舉例來說，事出突然的時候。與其等待電子郵件一來一往的時間，不如直接以電話告知對方會比較快。想表達細節的時候也比較好辦理。在文字的溝通上很難表現出「嘎──地」或者「唰唰唰地」這類表現聲音或樣貌的用詞；但如果是以語言來表達，那麼就會比較容易說明細節的部分。另外，如果是即時對話，那麼發現對方有所誤解的時候，也能夠馬上修正。若是以口頭告知日期時間或者數字等具體內容，那麼之後可以再發一封確認用的電子郵件，這樣就能避免錯誤。

謝罪無法以電子郵件了事
請直接見面道歉

還有另一種也應該避免使用電子郵件而直接對談比較好的情況，那便是謝罪。為了要表達刻不容緩及反省的心情，打電話當然比電子郵件好；另外直接前往對方那裡低頭道歉會更好。電話又或者直接面對面，也具有提高 192 頁提到的「單純曝光效應」的作用。請不要逃避，必須以真誠的態度表達自己的心情。

電話與電子郵件的優缺點

電子郵件可以不需要在意對方的時間或者當下是否方便，可以直接傳送過去，事後也能夠再次閱讀，是非常方便的溝通工具，但也有些時候使用電話反而會比較好。

	優點	缺點
電話	・只要接通了，馬上就能告知 ・可以表達出細節 ・可以一邊商量一邊告知 ・比較容易確認對方的反應	・可能因為對方不方便而造成困擾 ・容易發生漏說、或者說錯等問題 ・有些事情沒有先共享的話很難說明
電子郵件	・就算不知道對方的情況也能傳郵件 ・可以同時傳送給多人 ・可以共享文件 ・之後能夠再次閱讀，避免各說各話的情況	・不知道對方究竟有沒有看 ・不一定會馬上收到回覆，很可能造成工作停滯 ・難以表達細節

這種時候也應該要直接通話

活用電話的優點，以下情況請使用電話。

● 希望能夠馬上告知對方並請對方做出回應

只要對方接了電話，就一定能馬上告知，可以確認想說的事情，也能夠表達出緊急情況。

● 可能會有很多不同對應方式

我方的應對方式要根據對方的狀況進行調整時，直接以電話說明並決定做法，會比較快且確實。

● 想表達細節的時候

如果書寫會變得太過誇張的形容，那麼可以打電話一邊確認對方的反應來告知事情。

謝罪的時候，要先打電話過去說一聲

■ 和身邊的朋友以及點頭之交等的溝通方法（除了面對面談話以外）

根據「年紀」來選擇溝通工具也是方法之一。

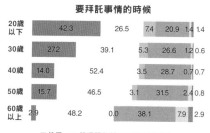

要拜託事情的時候

20歲以下	42.3	26.5	7.4	20.9	1.4 1.4
30歲	27.2	39.1	5.3	26.6	1.2 0.6
40歲	14.0	52.4	3.5	28.7	0.7 0.7
50歲	15.7	46.5	3.1	31.5	2.4 0.8
60歲以上	2.9	48.2	0.0	38.1	7.9 2.9

表達抗議

20歲以下	29.3	32.5	11.5	20.9	2.1 3.7
30歲	22.6	36.5	6.9	26.4	3.8 3.8
40歲	8.3	53.8	2.8	24.8	4.8 5.5
50歲	5.3	45.7	4.0	31.8	7.3 6.0
60歲以上	0.6	39.2	1.8	31.3	15.1	12.0

■ 使用LINE等通訊軟體APP的文字往來
■ 使用Facebook或Twitter等社群網站的文字往來
■ 書信
電子郵件
■ 電話（包含使用LINE或Skype等免費通訊軟體的通話程式）
■ 其他

出處：「社會大眾對為求解決社會課題之嶄新IT服務・技術之意識相關調查研究」（平成27年）總務省

不管是罵人的還是被罵的這都是成長的機會

高明的責罵方式&挨罵方式

如果成為責罵人的那一方最好要注意這些事情

確實沒有人喜歡被罵，但是責罵他人實在也稱不上是心情愉快。畢竟會發生需要責罵他人的事情這件事情，就令人非不悅了，一想到不知會對斥責的對象造成什麼樣的影響，實在沒辦法脾氣發完就算了。更何況近年來社會上對於霸凌等問題也非常重視，如果不多加考量說話方式、斥責情況的話，很可能反而害了自己。

但是，被責罵這件事情也很可能為當事者帶來找到新發現的機會。另外如果是為了改善現狀而斥責他人，那麼這對斥責人的那方來說，也是個成長的機會。

在責罵他人的時候，經常會用心使用「為什麼」這個詞，但這非常容易讓對方感到畏縮。請多加上一些其他說法，給予對方改善的機會以促使對方有所成長。舉例來說像是這樣的情況：

上司：「你為什麼遲到了！」
部下：「我睡過頭……」
上司：「你搞什麼鬼啊!!」

很可能變成這個樣子。但是如果能加上「如何才能」的話：

上司：「你為什麼遲到了！」
部下：「我睡過頭……」
上司：「那你覺得要怎麼做才不會再睡過頭？」

如果部下聽到這種問題，就會開始思考解決辦法，像是不要熬夜、準備兩個鬧鐘等等。

責罵人的時候最好要注意這四件事情：
・不要否定對方的人格
・不要和他人比較
・不要一直罵下去
・不要在他人面前責罵

責罵以後要確認對方後續是否取正確行動，若有改善的話便可以在之後給予稱讚表揚。

受到斥責正是能改善的機會

對方絕對不是責怪你的失敗，而是為了你個人、又或是整個團隊能夠更加圓融地執行工作，所以才會斥責你。可以把這當作是對方提出來的課題，將這當作是一個成長的機會，努力進行改善吧。

「如何才能」使人成長

讓我們來看看「為什麼」與「如何才能」的溝通方式會帶來什麼樣的不同。

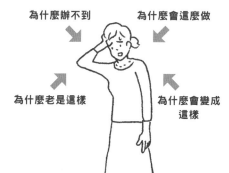

為什麼辦不到　　為什麼會這麼做

為什麼老是這樣　　為什麼會變成
　　　　　　　　　　這樣

如何才能讓事情　　如何才能讓自己
變好？　　　　　　辦到？

高明的責罵＆挨罵

不管是哪一邊，如果都是為了相同目的而想要完成工作，那麼不管是責罵人還是挨罵的一方，這對雙方來說都是非常重要的溝通。

NG的思考方式

- 因為自己也做不好所以很難說出口
- 自己也曾經被罵
- 非常害怕被罵
- 老是被相同的人罵

OK的思考方式

- 自己也曾發生過這種失敗。要用正確的方法才行
- 必須要告訴對方才行。得找出適當的溝通方式
- 如果只是覺得害怕就白白被罵了。要想成這是我得改善的地方
- 周圍的人能夠比被斥責的當事者來得客觀聆聽，之後請冷靜地告訴對方，上司希望他注意哪些事情

**比起漠不關心
要好得多**

業務·22歲

那個時候，我負責的店面當中工作人員也大部分變得比較熟稔，會隨意聊天。結果聊到一半，我說了語氣比較強烈的吐槽，在旁邊聽著的店員就開口回應：「我們不是朋友喔。」那時候我真的覺得非常丟臉。在工作時間、為了工作而聚集在一起的夥伴。就算是互相認識的人、甚至覺得自己與對方關係很好，但仍然應該要保持適當的禮節才行。我非常感謝對方提醒了我這一點。

如果覺得你根本沒有遠景可言，就不會罵你囉。

只有同一業界內
才能夠通用的語言

一旦開始工作，就可能會在公司當中或同一業界的人們之間聽到一些平常沒聽過，但大家用得理所當然的話語。如果只有公司內使用的話語稱為「公司內用語」；如果相同業界會使用的表現方式則稱為「業界用語」。

這裡我們所說的業界用語，並不特指傳播媒體或者廣告業界當中使用的「傳媒業界用語」。建設業也會有屬於建設業界的業界用語，食品業界也有他們自己的「業界用語」。有時候甚至相同的詞在不同業界當中代表不同的意思。舉例來說，日文當中的「インバウンド（Inbound）」是指由海外來訪日本的觀光客，「コールセンター（Call Center）」

則是指直接線業務。一般人說「アポ（Apo）」通常是見面約定等的「アポイントメント（Appointment）」的縮寫，但在醫療業界當中則代表腦溢血的意思。相反地，相同物品在不同業界當中也可能會使用不一樣的稱呼。像是含蠟量較高、筆芯較為柔軟的彩色鉛筆，出版業界稱為「ダーマト（Dermato）」；但是媒體業界則稱為「デルマ（Derma）」。

業界特有用語
請盡早熟悉

為了要能夠盡快習慣工作，必須要早點熟悉自己公司及業界當中獨特的這類表現方式。如果有業界取向的報紙或者雜誌，請務必要瀏覽、閱讀，如果有不明白的單字，請積極地向上司或者前輩確認。

公司內用語、業界用語
不能對顧客使用

一旦記得了公司內用語或者業界用語，總覺得自己好像變得「非常能幹」。但是，使用的時候如果沒能夠好好理解那個單字的意義及由來，就會變成只是在不懂裝懂，反而顯露出對於工作的知識還太過淺薄，而很容易失去信用，必須要多加注意。另外，公司內用語及業界用語，一般來說並不會對客戶使用，而應該要轉換為一般用語。

公司內用語、業界用語是在具備共同背景之下溝通時才能夠使用的工具，這點請務必牢記。

■ 一不小心用了很容易招致混亂

就是會發生的問題及處理方式

設想各式各樣情況
防範問題於未然

在結婚典禮等場合當中，若是請新郎新娘的上司致詞，經常會出現一句俗話是「人生有三個坡道」。這三個坡分別是「上坡」、「下坡」、「不好說」。這在日文中是利用諧音雙關語說出的冷笑話，但是所謂的「不好說」可能只是讓人捏把冷汗的小事，也可能是一種致命性的問題。為了要避免致命，必須設想各種情況避免發生問題，並且十分悉心注意，並且在萬一發生問題時要有最佳的處理方式。

不管是多小的問題
都是防範未然的教訓

舉例來說，上司拜託部下「請做

好明天開會要用的資料」，部下做好資料以後用電子郵件傳給上司。而上司其實是希望部下在會議當天，把資料放在每位出席者桌上，此時他就會覺得非常生氣。但是依照字面上來看，部下的確是照他說的做了。

這與其說是溝通不良，不如說是上司告知的訊息不足且部下的確認也不足。如果上司能夠發出正確的指令，又或者是部下可以複誦自己要做的事情，那麼就能夠防止這樣的誤差。這種程度的問題並不會造成致命，但這種情況要是發生在其他場合，舉例來說，是和客戶進行重要交易的時候，那可能就會非常糟糕。不管是多麼小的問題，都包含了今後能夠防範於未然各式各樣的教訓。公司過去也曾發生過各式各樣的問題，而當時追究到的原因以及

解決方法都累積在那裡，務必要先把遺片混亂解開。如果又發生了一樣的事情，應該要如何處理呢？可以進行範例講座研習、緊急時的聯絡網等，活用那些從過去的問題學習到的教訓。

平日的互信關係
能防止問題

另外，人際關係也是造成問題的源頭之一。如果互相信任的關係出了裂痕，那麼不管理由多麼正確，對方都無法聽進去。要在日常就打造出不易變動的信任關係，最有效果的就是本書前半部分提到的商務禮節。另外「單純曝光效應（192頁）」也非常有幫助。

防範問題於未然不可或缺的事情

處理問題的時候，不管對心理或者時間上都是很大的負擔。

個人可以做的事情

- 不要認為這不過是小事
- 如果有變更，一定要共享
- 不要打算一個人解決困難
- 平常就要和大家建立好互信關係

公司能夠做的事情

- 做好完備的手冊
- 整合過去發生過的問題，讓大家都能閱覽
- 徹底執行團隊會議

發生問題時的應對方式

問題即使大家都非常注意，還是會發生。不能夠有錯誤應對，讓問題發展成更大。

有時候影響會大到自己也無法想像，因此請務必迅速向上司報告。
聽到報告的人也必須繼續向上呈報，並且發出明確的指令。
在單一個問題當中，應該要從哪邊著手處理，請參考右圖。

■ **處理順序**

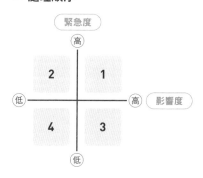

他山之石可以攻錯

工程師・30 歲

由於同業的其他公司在網路上被群起圍攻，因此讓我們部門也自己討論對方是發生什麼樣的問題、我們自己有沒有隱藏著類似的危機等。大家都覺得這絕非事不關己。

一不小心散播不實資訊

行政人員・35 歲

我曾經收到可疑電子郵件之後，將不實資訊給散播了出去。交易對象聯絡之後我才知道這件事情，因此到處向相關單位道歉，當時我徹底感受到IT涵養的重要性。之後我如果收到了不明寄件者的可疑郵件，一定會向資訊安全人員確認。

最初的應對請和一般客訴一樣好好傾聽

針對客訴的應對，在68頁已經說明過。本章節則是針對那些已經超越一般客訴及需求程度，完全是做出超乎情理、不合人情要求之人。

絕對不可以在一開始，就把那些來客訴的人視為「洪水猛獸」。必須要仔細聆聽對方說的話、掌握狀況，然後確認事實關係以後再執行對策。除非是一開始就非常暴力的人，否則到這個步驟為止，不管是什麼樣的客訴，處理方式都是一樣的。如果對方是要抱怨，就算有點情緒化，對方也是真的以顧客立場來表達他的困境，因此只要展現出尊重對方的立場、非常有誠意想要幫忙他解決該困擾的話，高昂的情緒也會隨之冷靜，也就顧意傾聽我

方的解決方式。

不要告知個人見解請表達公司看法

另一方面，會被稱為怪獸顧客的客訴者，他們所表達的內容其實並不包含情緒，幾乎都只是在主張自己的立場。因此，如果依照一般客訴應對的方式來處理的話，他們是完全不會聆聽的。這種情況下，最重要的就是不要自己一個人處理。請務必向上司報告、聽從上司的指示。不可以答應對方過於無理的要求。告知對方的處理方式，不能夠是窗口個人的見解，必須要用毅然決然的態度告知公司方面的看法。

為了避免被人斷章取義或抓到話柄，最好平常就要把業務相關的法律知識大致記在腦袋裡。以電話來

說，將通話錄音的效果也很好，但要記得應該要在一開始就告訴對方會錄音。最後也很有可能會需要向警察報案。

務必和上司及前輩好好商量一下

客訴很可能是寶貴的改善契機。因此請先認真地聽對方說些什麼。如果發現已經是在火上澆油，那很有可能就是應對方式出現問題。請把這件事情當成是調整自己應對方法的機會，和上司及前輩好好商量吧。

客訴需要冷靜應對

會客訴、抱怨的人通常都很憤怒。

為了避免不小心出口的什麼話語使對方情緒更加惡劣，還請務必冷靜應對。

檢查重點

☐ 請先為造成對方不愉快道歉

☐ 傾聽對方要說的話

☐ 掌握對方的希望及理由

☐ 向對方道謝，感謝他願意告知這件事情

☐ 告知事實（不要加入個人情感）及對應方式

NG

- 絕對不可以因為對方的怒氣而導致自己也情緒高昂
- 不可以因為害怕而沒有告訴對方事實，也不要答應對方扭曲的要求事項

> 只要能夠冷靜應對，對方可能也不會莫名就變成怪獸顧客。

■ 怪獸顧客的應對請由組織執行

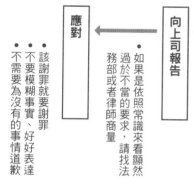

收到客訴
- 確認事實

↓

向上司報告
- 如果是依照常識來看顯然過於不當的要求，請找法務部或者律師商量

↓

應對
- 該謝罪就要謝罪
- 不要模糊事實、好好表達
- 不需要為沒有的事情道歉

> 有時候也會從客訴當中發現到自己的錯誤呢。

絕對要盡快報告

電話訪談員・25 歲

因為某件事情，消費者一直執著地向公司抱怨。之後對方甚至在公司的Facebook上寫了很糟糕的內容，害我連要去公司上班都覺得很痛苦。到了這種程度我就向上司報告了，但一直很後悔，覺得要是一開始接到這個客訴的時候就找上司商量的話，狀況是否會有所不同呢。

11

與他人之間的人際關係，無價

重視人脈

不可以用有沒有好處來選擇往來對象

在商業書籍當中，經常都會讚揚「人脈非常重要」、「請多加拓廣人脈」。如果想要得知上層或其他部門的資訊、希望能將事業拓展地比現在還大，又或者在思考獨立、轉職等事情的時候，人脈確實非常有所幫助。但是如果抱持「這個人似乎對我很有幫助，要和對方感情融洽」這樣的想法來選擇往來對象的話，那可就不太妥當了。雖然追求自己的利益並不是一件壞事，但如果以損益計算來建立人際關係的話，就會以「這個人對自己是否有益」來挑選對象。但是誰會在什麼地方以何種形式幫上你的忙，卻是很難掌握的。因此請不要以利益計算來為他人標上價值。

以身分來判斷他人者也會被他人只以身分來判斷

也不能夠以對方在哪裡高就、職稱為何等身分來判斷他人。一個人如果用身分來評斷他人等級，那麼這個人也會被周遭的人以身分來評價。也就是說，如果少了現在公司的頭銜，對方就對你沒有興趣了，等到要獨立的時候，以身分來選擇的人脈便會毫無作用。請不要只看對方的身分，必須好好觀察對方本身才行。

與各式各樣的人相遇能夠拓展視野

話雖如此，與他人相遇有著無法標上價格的價值。認識的人越多，也就越容易從中找到與你意氣相投的人；也可能是互相激勵的對象。與各式各樣的人相遇，可以開拓你的視野。在各種講座或者不同業界的交流會當中，也可以認識平常不容易接觸到的人。請不要只是去參加講座就好，最好能夠出席結束後的聚餐，來增加與其他人更加了解彼此的機會。相信這樣一來應該能夠了解，不能只想著希望能夠獲得些什麼，重要的是你能夠給其他人什麼。和其他人的相遇，這件事情本身就是非常棒的財富。不要計算損益，而應該重視相遇的對象。這才是真正的「重視人脈」的意義。

需要什麼樣的人脈

最好能夠建構出互利的人脈。

■ 在工作上是否需要人脈呢？

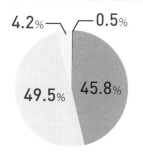

4.2% —　— 0.5%

49.5%　45.8%

- ■ 認為非常有必要
- 認為應該有必要吧
- 覺得不是非常需要
- ■ 認為完全不需要

（回答者：全國20～59歲在職者826人）

■ 認為需要什麼樣的人脈？

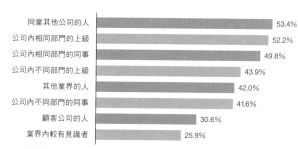

同業其他公司的人	53.4%
公司內相同部門的上級	52.2%
公司內相同部門的同事	49.8%
公司內不同部門的上級	43.9%
其他業界的人	42.0%
公司內不同部門的同事	41.6%
顧客公司的人	30.6%
業界內較有見識者	25.9%

（回答者：前問中回答「認為完全不需要」以外的822人）

出處：INTAGE Inc.於2017年進行的自主調查

NG

歐美地方會在握手或者自我介紹後遞交名片。但在日本，名片就如同當事者一樣受到重視，隨手亂發名片是沒有意義的。請將遞名片當成一個契機，能夠開啟與對方的交流及眼神接觸，好好珍惜這個機會。

並不是發名片就能建立人脈。

從其他部門獲得宣傳報告的靈感

業務‧27歲

那時候我負責前往某個打算展開新事業的公司，爭取成為他們合作對象的機會。但卻不知道重點企劃應該做些什麼才好，結果公司裡有其他部門與那間公司交易過，他們告訴我該公司與本次新事業一起推展的其他業務相關資訊。因此一下子就找到了企劃方向，而且也是我有過相關經驗的東西。我重新體認到公司內的人脈也是非常重要的。

因為差別待遇讓氣氛很尷尬

經理‧40歲

有一次我和常務一起前往拜訪客戶新分店的店長。抵達的時候有一位穿著骯髒工作服、看起來是處理雜務的人在整理庭院。我向對方打招呼說「早安啊」，但常務卻只是從對方身旁走過。我們在接待處等了分店長十分鐘以後，出現的正是剛才在整理庭院的人。我看著一臉尷尬難堪的常務，覺得這簡直就是漫畫情節。

12

互相認可工作方式及思考方式

工作價值觀也五花八門

在以往年功序列的終身雇用時代裡，只要為了公司24小時作戰就一定能出人頭地，公司也絕對不會背叛員工，當時這種價值觀是理所當然的，也因此在這個框架下，會認為「即使拼上自己性命也要加班為公司盡力」的思考方式也非常自然。日本國民大多數都認為自己是中產階級，因此在日文當中也有「一億皆中產」這種字彙。這意味著有這麼多人都是以非常相似的價值觀在生活的。

但是就像本書在16頁也曾說明，現在已經不再是年功序列及終身雇用的世界，因此會有形形色色的人抱持著五花八門的價值觀在工作。而工作方式自然也是百百種。除了

即使是同一個職場

會由於職業種類及業種而有不同價值觀以外，在同一個職場中也是由各式各樣價值觀的人組成的。工作者的背景也都大不相同。工作動機或者私人環境也都因人而異。有人因為珍惜與家人相處的時間，因此選擇工時較短的工作；也有人因無論如何都想出人頭地，因此將時間都奉獻給公司。有人做全職工作但認為興趣也很重要，因此絕對不在上班時間以外工作；另一方面也有人覺得希望能將工作完成到某種程度，而非得加班不可。

這樣一來，與其將自己的價值觀強加在別人身上，還不如互相認可彼此的價值觀一起工作，以團隊來說比較能夠朝同一個方向前進。這並非單純指工作價值觀的多樣化，而是各方面的多元並存。也就是說，認同性別、年齡、國籍等多樣

化也是相同的情況。觀點不同的人在相同目的下工作，就能夠碰撞出很多創新想法。

並不需要被所有人喜愛

另一方面，當各式各樣價值觀的人聚集在一起，那麼就一定會有意見不合的時候。也許就算努力試著達到融洽，但還是無法相容。這種時候，請記得並不需要被所有人喜愛，有所割捨也是非常重要的。就算真的有個性不合的人，永遠都一起在那個職場上的可能性也很低，因此請不要因此而放棄，還請集中精神磨練自己的技術吧。

公司也一樣必須認同多樣性

今後的時代，在經營理念當中也必須認可工作方式及思考方式多樣化才行。

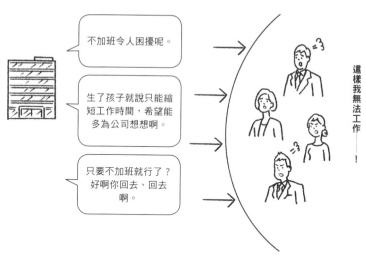

這樣一來公司的工作無法運作、工作者也無法活用自己的技能，對雙方都非常不利

公司方面的價值觀 & 工作者方面的價值觀

「工作方式改革」中推動的是副業。這和企業方面的認知不同，一般認為工作者若是擁有副業，對本業也會有良好影響。

▇ 公司方面：認可兼差、副業時的課題與懸念（複選）

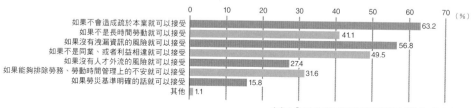

出處：「工作方式改革相關企業實態調查報告書」經濟產業省

▇ 工作者方面：兼差、副業對於本業（具備雇用關係之工作）的影響（單選）

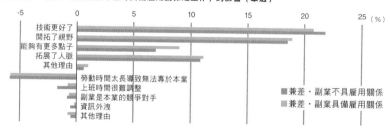

出處：「應對展新產業結構之針對工作方式改革的實態調查」經濟產業省

13

如果想辭職

尋找新工作時應有的理解

年輕人自願離職的理由越來越多是「人際關係」

根據日本厚生勞動省發表的「雇用結構相關實態調查（轉職者時態調查）」顯示，比較平成18年以及平成27年，可以得知20歲～24歲工作者「自願離職的理由」當中，增加率最高的就是「人際關係不順利」。因此可以確知，人際關係是在思考職場環境時非常重要的要素。

但是，如果是因為人際關係而想要離開現在的職場，那麼也很有可能在下一個公司又因為人際關係而離職。如果因為精神受到極端壓迫、甚至連身體都開始感到不適，那麼當然應該要離職並專注於治療。但是如果並不是那麼嚴重的程度，那麼就不建議大家輕易離職。如果想要辭職，那麼不要馬上提，

請試著將時間定在1年後看看。

以活用在下個職場的心態試著努力1年就好

一旦下定決心1年後要辭職，就算是原先討厭的影印工作之類的雜事，都能夠提起你的工作興趣。會想著怎麼樣才能印得比較快、留心彩色影印和黑白影印的價格差異、董事會上用的文件是什麼樣的內容呢……很容易對這些事情變得比較關心。就算是在外跑業務，也會因為想到可能要活用在1年後的工作場所上，而盡量多談業務的事情；開始研究如何才能盡可能多拜訪到1間公司也好。就算被斥責了也會覺得：「我現在只不過是為了真正的工作做準備。但還是可以拿到錢（薪水），真是太棒啦～」就不會覺得那

麼痛苦。只要覺得這些都是為了能夠在下一個職場，又或者是自立門戶的時候大為活躍的預習工作，那麼不管是多麼辛苦的工作、或者更加麻煩的工作，都會非常有處理的意願。

當你想要辭職的時候，請用這種方法先決定一個期限，並且下定決心在那之前都要更加努力。一旦你處理工作的方法有所改變，周遭對你的評價也會跟著不同。在你原先想辭職的時間期限到了的時候，也很有可能不知何時公司變得非常需要你、而你也喜歡上公司了。不管結論如何，這應該都是為了你自己好。

214

離職理由是？薪水如何？

轉職的理由因人而異，可能是繼續做工作的動機無法持續；又或者是非得離職不可。

■ 轉職的人辭去前一份工作的理由

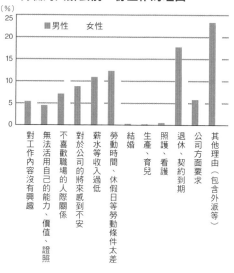

（%）

圖例：■男性　女性

縱軸刻度：25、20、15、10、5、0

橫軸項目（由左至右）：
對工作內容沒有興趣／無法活用自己的能力、價值、證照／不喜歡職場的人際關係／對於公司的將來感到不安／薪水等收入過低／勞動時間、休假日等勞動條件太差／生產、育兒／照護、看護／結婚／退休、契約到期／公司方面要求／其他理由（包含外派等）

出處：「平成29年度雇用動向調查結果概況」厚生勞動省

■ 轉職後的薪水增減

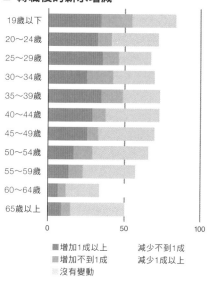

縱軸項目（由上至下）：19歲以下／20～24歲／25～29歲／30～34歲／35～39歲／40～44歲／45～49歲／50～54歲／55～59歲／60～64歲／65歲以上

橫軸刻度：0、50、100

圖例：
■增加1成以上　　減少不到1成
■增加不到1成　　減少1成以上
　沒有變動

出處：「平成29年度雇用動向調查結果概況」厚生勞動省

一旦轉職就很容易重蹈覆轍

一旦曾經轉職，對於轉職的心理障礙就會降低，因此有容易不斷轉職的傾向。

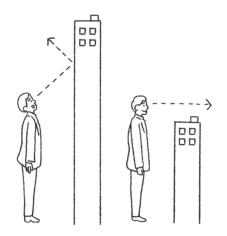

■ 不要怠惰、不忘磨練自己

也許你會有機會在那種推卸責任、講難聽話、沒有工作意願等討人厭的上司底下工作。這時候要特別注意的是，不要喪失自身的工作意願。因為對方也很有可能會由於職位調動、轉職或離職等因素離開。你沒有空跟對方一起當個廢物員工。為了將來有個會認可你、而你也想與他一同成長的上司就任的那天，你必須激勵、開發自己、磨練自己才行。

如果能夠真誠工作
一定會有人認可你

立川美紀小姐（假名） 34歲 女性

　　立川小姐是一名自由業司儀，她的工作是在負責企劃營運的製作公司合作時，在演講會上擔任司儀等工作。那天她和平常一樣進行準備工作，然而製作公司的活動負責人卻來告訴她：

　　「今天除了廣播以外，妳要順便操作燈光。不要忘記準備演講台上的水和擦手巾。還有活動開始前要把資料放在所有座位上。如果有人晚到的話，要帶他們到自己的座位上。中途有人問問題的話，妳就把麥克風拿過去。」

　　忽然下了一大堆的指令。立川小姐立刻筆記下來，依照時間排列出優先順序、一件件完成。但是活動負責人在演講開始以後，只要想到什麼事情就會給立川小姐追加的指令。畢竟不可能同時完成一大堆事情，所以立川小姐告訴他：

　　「請等等。我先完成這邊的工作就會過去。」

　　結果活動負責人登時臉紅耳赤開始發脾氣。似乎覺得立川小姐是在回嘴。演講結束後立川小姐雖然也去道了歉，但對方完全聽不進去，還說要取消合作。

　　立川小姐感到非常消沉，而這時候叫住她的，是一直看著這一切的主辦單位負責人。對方平常就對於立川小姐的工作態度評價很高，因此希望能夠不透過製作公司，而直接與立川小姐簽約。畢竟原先是製作公司的客戶，因此只能感謝對方的心意而必須拒絕，但這件事情讓立川小姐對於自己的工作更有自信了。

參考資料

日文中最好記在腦中的商業用語

以下介紹的是日本在工作場合當中經常會使用的外來語。

AIDMA

取自Attention（注意）、Interest（關心）、Desire（慾望）、Memory（記憶）、Action（行動）五個單字第一個字的略語。被用來作為表示消費者對於商品的認知到購買的流程模組。

ASAP

「as soon as possible（盡快）」的縮寫，有時也會直接用英文念出「ASAP」。常見於商業電子郵件而非日常生活中。

Agenda／アジェンダ

原先是來自拉丁文，意思是「應該要轉往執行之事項」的詞彙，在商業用語當中表示會議的議題或者議程，又或者是整合這些內容的資料。

Ambassador／アンバサダー

源自英文的「ambassasdor（大使、代表）」。近來用以表示「支持、支援企業商品或品牌的顧客」、「宣傳大使」等。

Assign／アサイン

源自英文的「assign（選任、任命）」。在業務委託的場合當中，表示允諾及了解的意思；另外在IT業界當中，是針對特定機能或該處理步驟，使用記號或編號等固定操作動作進行分配的意思。

Blue Ocean／ブルー　オーシャン

直譯就是「藍色海洋」，表示沒有競爭的未開發市場、全新市場。相對地，若是競爭對象林立、目前競爭激烈的現有市場則稱為「レッド・オーシャン（red ocean：紅色海洋）」。

Bottleneck／ボトルネック

源自英文的「bottleneck」。瓶口處逐漸變細的地方。由這個詞彙的意思引申為妨礙工作整體進行及發展的原因。

Budget／バジェット

源自英文的「budget（預算）」。作為名詞使用的時候就是預算的意思，但若拿來當成形容詞使用就是「低預算的、低價格的、便宜的」這些意思。

Buffer／バッファ

源自英文的「buffer（緩和衝擊）」，在日文當中會以「バッファをもつ」（具備緩衝）等說法來表現出事先留下緩衝餘力。在電腦當中則用來表示暫存記憶的區塊。

BURESUTO／ブレスト

這個詞是「ブレーンストーミング（brainstorming；腦力激盪）」的縮寫。由參加者針對某個主題自由表述意見、收集創意的意思。禁止批判，只要想到就能夠發言。

Closing／クロージング

直譯就是「結束」、「截止」的意思，但在商業上被用來作為「締結最終契約」、「成立商談」的意思。

Compliance／コンプライアンス

源自英文的「compliance（遵守、依據、順從）」。意味著企業依據法律、條例、業界團體等制定之規則，公正、公平地執行業務。

Consensus／コンセンサス

源自英文的「consensus（意見一致、同意）」。又或者是為了要能夠獲得同意，使大家意見一致而在事前做的「事前周轉」意思。

致而在事前做的「事前周轉」意思。

Conversion／コンバージョン
源自英文的「conversion（變換、轉換、交換）」。在行銷領域當中，意指在商用網站上獲得最終的成果，又或是達成在網站上設定的最終目標。

Core competence／コアコンピタンス
指企業核心的獨特能力及競爭力。將資源集中在這些部分以期拉大與其他公司的差異、提高競爭力，這種經營手法在日文當中便稱為「コアコンピタンス經營」。

Crowdsourcing／クラウドソーシング
在網路上針對不特定多數者發給工作、募集願意承接委託者。另外也指能夠進行這類委託及其承接工作的網路服務。

Curation／キュレーション
語源來自英文中意指博物館或圖書館館員的「curator」。意思是指收集資訊並整合網路上的資訊，分類之後重新連結拼湊，找出嶄新價值並加以共享。

COMMIT／コミット
源自英文的「commitment（約定、義務）」。在商業行為中代表「背負責任」、「約定」的意思。

Default／デフォルト
源自英文的「default（不履行債務）」。意指無法返還借貸金額的狀態。在電腦等電子儀器上時候，就會用這個詞彙來表示。

Diversity／ダイバーシティ
源自英文的「diversity（多樣化）」。不需要區分人種、性別、年齡、信仰等差異，活用多樣化的人才、使大家都能發揮最大限度能力的一種思考方式。

Evidence／エビデンス
源自英文的「evidence（證據、證言）」。在醫療業界代表治療疾病之後有效、適當的臨床結果或科學根據，另外在IT業界則指可顯示出系統依照訂單指定內容動作的文件或檔案。

Kownledge／ナレッジ
源自英文的「kownledge（知識）」。代表著有益的資訊、具備附加價值的經驗、知識或資訊等。個別的員工累積起來的知識方法讓整體企業共享且活用的管理手法，在日本稱為「ナレッジマネジメント」（knowledge management）。

人來日本旅行，又或者從日本的觀光客。另外，在一般企業當中也會指顧客自主接觸企業的行為。

Fix／フィックス
源自英文的「fix（修理、修正、固定）」。一般來說在商場當中使用，就表示「最終決定」的意思。如果在會議最後得到結論，或者是確立企劃方針的能力。

Inbound／インバウンド
源自英文的「inbound（進入、內向）」。最近通常意指外國

Literacy／リテラシー
源自英文的「（識字）」。表示除了特定領域知識以外，能夠在該領域中應用、活用、理解的能力。

MANETAIZU／マネタイズ
IT用語，表示使用網路上的免費服務來提高獲利。主要方法有廣告或付費服務等。

Margin マージン

源自英文的「margin（利潤）」。指的是原價與賣價的差額，也代表販賣手續費或委託手續費。バックマージン（back margin）是表示此利潤的一部分會回歸給販賣單位。

Method／メソッド

源自英文的「method（方法、方式）」。意指為求達成目的而有體系地整理出的方法或方式。

Milestone マイルストーン

源自英文的「milestone（里程碑、路標）」。在商業中代表一個大的關卡、轉折點、中間目標等，也會用來當作應該要確認企劃執行進度的重點。

Niche／ニッチ

一般來說指凹陷、縫隙等，轉為引申大企業不會留意的小市場，又或者有潛在需求，但並未將其列入商業對象的領域。

Phase／フェーズ

源自英文的「phase（階段）」。但這並不用來表示單位，而是代表當中的一段過程。主要是表現開發、實驗等各階段的時候會使用這個詞彙。另外有時候會在文件上以縮寫「ph」來表示。

REJIME・REJUME／レジメ（レジュメ）

源自法文的「resume」。是論文的綱要、或者在講座及演講時分發給參加者的資料，代表精簡過的資料。近年來也被用來表示履歷、職務經歷表等文件。

RISUKE／リスケ

為「リスケジュール（reschedule）」的縮寫，用來表示「重整組合時間表」、「變更計畫」等。

RISUKUHEJI／リスクヘッジ

將英文的「risk（危險）」和「hedge（迴避）」組合在一起，有時候也會用來表示「迴避風險」。有時候也會只用「ヘッジ（hedge；迴避）」來表示。

Segment／セグメント

源自英文的「segment（部分）」。在行銷用語當中表示區分對象屬性（年齡、性別、職業等），在IT業界中則表示數位資料的區段單位。

Singularity／シンギュラリティ

在日文裡意指技術上的特殊點。表示人工智慧（AI）超越人類智慧的時間點，有一說認為2045年左右應該會抵達這個特殊時間點。

Stakeholder／ステークホルダー

意指與企業等組織事業活動有利害關係的人。包含股東、員工、消費者、投資人、交易對象、債權對象、地區社會、地方自治團體等。

Summary／サマリー

源自英文的「summary（概要、摘要）」。意指將文章或資訊等要點簡潔整理出來。如果會議的資料量非常龐大等，就會在開頭先做好摘要。

Synergy Effects／シナジー效果

源自英文的「synergy（相乘效果）」。指的是由複數組織合作進行活動，會比單獨執行來得節約且具備互補技術等，產生出更大的附加價值。

Task／タスク

源自英文的「task（工作、作業）」。在IT業界當中代表的

是電腦能夠處理的最小單位，不過一般是指自己在一定期限之內應該完成的工作或課題。

Third Party／
サードパーティー

即「第三者」，意指與當事者們立場不同的團體、企業或機關。在日本的電腦業界經常使用這個詞彙。

Usability／
ユーザビリティ

電腦、軟體或者網站等的易使用度、好用程度。

Work life balance／
ワーク・ライフ・バランス

指工作與生活達到平衡。原本是在歐美就非常普及的概念，最近在日本也變得比較常使用，作為一種思考方式，目標是配合個人生活型態及生活場合的多樣化工作方式。

可影印使用！　待辦清單及轉達筆記

※如果只需要使用其中一種，請印兩張，將專用的頁面排在一起之後再繼續影印。

待辦清單

Date （　　　　　）

待辦事項	優先度
□	
□	
□	
□	
□	
□	
□	
□	
□	
□	
□	
□	
□	

　　　　月　　　日（　　）
　　　　　　　　　：

_____先生／小姐

有來自 _____先生／小姐
的電話。

□回電 TEL （　　　　　　）
□對方會再撥過來。
□留言

留

監修

石川和男

同時兼任建設公司總務部長、大學講師、講座講師、稅務師、時間管理顧問共五個工作的時間管理專家。因為討厭經常在三更半夜加班而下訂決心要有所改變。研讀商業書籍、且於講座聽課後習得時間管理的知識，實踐之後成功建立了不加班的工作方式。他以自己的「時間管理術」為基礎，每天研究如何不降低生產性而不需要加班。著有『残業しないチームと残業だらけチームの習慣』（明日香出版）等九本著作。

作者

宮本友美子

溝通顧問。前FM石川廣播員。於多處廣播電台、電視台負責節目外，同時為數本雜誌的經營者及報導人員，為運動員、偶像等撰寫訪談文章。為了使「表達&聽取技術」能在媒體以外的領域中也有所發揮，自2009年起於企業研習、大學及專科學校等處以講師身分指導「以溝通為基礎，作為人際關係潤滑油的禮節」。

TITLE

跟日商經理學上班

STAFF

出版	瑞昇文化事業股份有限公司
監修	石川和男
作者	宮本友美子
譯者	黃詩婷
總編輯	郭湘齡
責任編輯	張聿雯
文字編輯	蕭妤秦
美術編輯	許菩真
排版	執筆者設計工作室
製版	明宏彩色照相製版有限公司
印刷	龍岡數位文化股份有限公司
法律顧問	立勤國際法律事務所 黃沛聲律師
戶名	瑞昇文化事業股份有限公司
劃撥帳號	19598343
地址	新北市中和區景平路464巷2弄1-4號
電話	(02)2945-3191
傳真	(02)2945-3190
網址	www.rising-books.com.tw
Mail	deepblue@rising-books.com.tw
初版日期	2022年2月
定價	350元

ORIGINAL JAPANESE EDITION STAFF

イラスト	田渕正敏
本文デザイン・DTP	加藤美保子
装丁	俵社（俵拓也）
編集・DTP協力	株式会社エディポック
校正	関根志野 曽根 歩 木串かつこ

國家圖書館出版品預行編目資料

跟日商經理學上班/石川和男監修；宮本
友美子著；黃詩婷譯. -- 初版. -- 新北市
：瑞昇文化事業股份有限公司, 2021.10
144面；18.8X25.7 公分
ISBN 978-986-401-517-7(平裝)

1.社交禮儀 2.職場成功法

494.35   110014396